サンドウィッチマンの週刊ラジオジャンプ

TBSラジオ「サンドウィッチマンの週刊ラジオジャンプ」編

集英社

サンドウィッチマンの週刊ラジオジャンプ

サンドウィッチマンの
週刊ラジオジャンプ CONTENTS

HOST 00 サンドウィッチマン 005
GUEST 01 宮下あきら 010
GUEST 02 森田まさのり 018
GUEST 03 稲垣理一郎 026
GUEST 04 うすた京介 034
GUEST 05 松井優征 042
GUEST 06 許斐 剛 050
GUEST 07 藤巻忠俊 058
GUEST 08 平松伸二 066
GUEST 09 久保帯人 074
GUEST 10 にわのまこと 082
GUEST 11 篠原健太 090
GUEST 12 桂 正和 098
GUEST 13 小栗かずまた 106
GUEST 14 附田祐斗 114
GUEST 15 真倉 翔 122
GUEST 16 大石浩二 130
GUEST 17 中井義則(ゆでたまご) 138
GUEST 18 つの丸 146
GUEST 19 池沢早人師 154
GUEST 20 高橋陽一 162
GUEST 21 ビッグ錠 170
GUEST 22 嶋田隆司(ゆでたまご) 178
GUEST 23 コージィ城倉 186
GUEST 24 佐伯 俊&森崎友紀 194
GUEST 25 高橋よしひろ 202

※本書には2017年7月1日〜2018年7月7日の番組放送内容を収録しています。
2017年9月9日と16日(中野編集長)、2018年3月24日と31日(浅田室長)ゲスト回は省略しました。

HOST
00
Sandwichman

サンドウィッチマン

TBSラジオ
AM 954 + FM90.5

PROFILE サンドウィッチマン（伊達みきお、富澤たけし）は、1974年生まれ、宮城県出身のコンビ。高校の同級生だった2人は、1998年にコンビ結成。2005年日本テレビ「エンタの神様」出演をきっかけにブレイクし、2007年劇的な敗者復活で2007年M-1グランプリ王者となる。ラジオ、テレビに多くのレギュラー番組を持つ全国区の人気者でありながら、「みやぎ絆大使」や「東北楽天ゴールデンイーグルス応援大使」等を務め、故郷に密着した親善活動や復興支援でも知られており、幅広い分野で活躍している。

2018年に創刊50周年を迎えた「週刊少年ジャンプ」と、TBSラジオの、コラボ番組としてスタートした「サンドウィッチマンの週刊ラジオジャンプ」。放送開始から1年が経過したある日、収録を終えたサンドウィッチマンの2人に、直撃インタビューを敢行した！

★編集者のエピソードばかり？

——この番組を1年やってきて、これまでの放送で印象に残ってることはありますか？

伊達（以下）：あんまり覚えてないなあ。

富澤（以下）：最初が宮下《みやした》あきら先生（P010）だったよね。

：あ〜！　『魁《さきがけ》!!男塾《おとこじゅく》』が大好きで作品をよく読んでたから、初回のゲストが宮下先生でテンションがめちゃくちゃ上がったよね。

：でも先生は『魁!!男塾』のことをあまり覚えてなかったな。

：そっちではテンションが下がったり（笑）

：あと、先のことを考えてなかったり。

：全然考えてない。翌週のことも考えてない。

：意外だけど、そんなものかとも思ったね。

：それを知ってから読むと納得もするよね。

：辻褄合ってないことがいっぱいあるしな(笑)

——次が森田《もりた》まさのり先生（P018）でした。

：『ろくでなしBLUES《ブルース》』も読んでたから興奮した！

：森田先生の回から、担当編集への苦情ネタが増えていったね。

：そういう流れができたかな。

：真倉翔《まくらしょう》先生（P122）がグランドキャニオンで担当編集に殴られた話が衝撃だった。

：あれは高所恐怖症の編集を後ろから押したら、振り返ってぶん殴られたんでしょ。

：それでも編集者が悪いよ。僕は編集者に対していい印象を持ってないから（：笑）

：でも面白いよね。大御所になった今は、笑えるネタとして言えるっていうのが。

：ラジオで言っちゃうのもすごいけど。

：週刊連載はやっぱり地獄だったとか、やりたいことが何もできなかったって言ってるけど、振り返ると青春って感じで（笑）

：「週刊少年ジャンプ」は学校だったって言う先生もいたな。

：この番組が先生たちの不満のはけ口になって、将来漫画家になりたい人は、漫画家の世界の厳しさを学べたりもする。

：いいサイクルだ（笑）

：漫画が売れたらめちゃくちゃ儲かるんだなっていうのもわかると思うし（笑）

――その意味で誰か印象に残ってますか？

：雰囲気があったのは『テニスの王子様《おうじさま》』の許斐剛《このみたけし》先生（P050）かな。家にテニスコートがあって、車も5台あるとか。

：久保帯人《くぼたいと》先生（P074）もすごかった。30代から六本木に住んでるって。

：それでいうと中井義則《なかいよしのり》先生（P138）と嶋田隆司《しまだたかし》先生（P178）は『キン肉マン』について聞きたいことがあり過ぎて、どれだけ儲かったかは興味がわかなかったな。

：小学生の頃からずっと好きだったから。

――伊達さんはビッグ錠《じょう》先生（P170）もお好きでしたよね？

：ビッグ錠先生もテンション上がったなあ。先生が意外としゃべってくださるし。

：つの丸《まる》先生（P146）も面白かった。

：コージィ城倉《じょうくら》先生（P186）も野球の話ができて良かったな。結局ほとんどの先生のお話を覚えてるなあ。みんなタイプが違うし。何より変わってる人が多い（笑）

：普通の人には週刊連載はできないんだよ。

——稲垣理一郎《いながきりいちろう》先生（P026）の集中法で、締め切りに追われたら全裸になるっていう話もありました。

：あったね。富澤が試すとか言ってたよな。

：ちょうど今ネタを書いてるところだから、そのうち（笑）

★サンドウィッチマンが漫画に!?

——番組をきっかけにお2人が『キャプテン翼ライジングサン』に出演したりも。

：高橋陽一《たかはしよういち》先生（P162）にお願いしたら載せてくださった。

：それも2回も載ったでしょ。

：2回も載せてくれるんだなって（笑）

：高橋陽一先生は、サッカーより野球が好きだったたってのも驚いたよ。

：あれはショックだった（笑）

：桂正和《かつらまさかず》先生（P098）が『電影少女《でんえいしょうじょ》』の連載を始めた頃、女の子を描くのが嫌で仕方なかったとか。

：あれも衝撃。描いていくうちに女の子の心情を描くのが楽しくなっていったという。

：愛があるよね。すべての仕事に通じるいい話だった。あと大石浩二《おおいしこうじ》先生（P130）も作品に出してくれたよね。

：先生方が漫画にちょこちょこ出してくださるから、それがまた楽しみになってる。

：やりがいあるね。

——富澤さんが嶋田先生に渡した超人はどうでした？

：連絡とかはないけど、自分で描いた超人を出してもらうっていうのは、子供の頃からの夢なので、ぜひ出して欲しいです。

：読者が考えた超人って、夢があるよね。

：死ぬまでにやり遂げたいと思ってる（笑）

あなたにとって「週刊少年ジャンプ」とは？
それはもう「教科書」です。知らない物や言葉を、「週刊少年ジャンプ」からたくさん学びました。小学生〜中学生の頃はみんな「週刊少年ジャンプ」に夢中でした。
「男同士を繋ぐ絆」です。初めて弟と共有した物が「週刊少年ジャンプ」で、兄弟で分担して「週刊少年ジャンプ」を買って、漫画の話をして。いい時代でしたね。
TBSラジオ

「サンドウィッチマンの週刊ラジオジャンプ」書籍化に寄せて

この本とラジオの関係ってわかりますか？　ラジオジャンプは、歴代の漫画家さんをラジオに呼んで「漫画家あるある」や「ここだけの話」など漫画家さんにまつわる、「え？なにそれ？」的なエピソードが盛りだくさんの番組です。でもまだまだラジオを聴いたことがない、どうやって聴くのかわからない、といった悲しい理由で、この番組を知らない人も多いと思うんです。そこで、今度はラジオ番組が「ジャンプ風の本」となって、本棚に並んだら、一度おいしいと思い、書籍化となりました。こんな風にいまTBSラジオは、ただ番組を「放送＝送りっ放し」にするだけではなく、皆さんの身近な所にラジオの種をまき始めてます。そんなラジオの種を探したくなったら、まずはスマホアプリで「ラジコ」をチェック！

TBSラジオ　志田卓

GUEST 01 Akira Miyashita

宮下あきら

PROFILE 1957年生まれ。「週刊少年ジャンプ」でのデビュー作は、1979年に連載を開始した『私立極道高校』。1985年から1991年にかけて連載された『魁!!男塾』が大ヒット。男性たちから圧倒的な人気を獲得した。現在は「週刊漫画ゴラク」で『魁!!男塾』の塾長・江田島平八の男塾設立時の物語を描いた『真!!男塾』を連載中。

『魁!!男塾』1巻

2017/7/1 放送

第1回　週刊ラジオジャンプCONTENTS

■伊達の卒業文集の名前は……?

卒業文集の名前を「伊達臣人」とするほど『魁!!男塾』の大ファンだという伊達は、宮下先生をゲストに迎えて大興奮!

■宮下先生は『魁!!男塾芸人』を観たのか?

テレビ番組『アメトーーク!』で放送された『魁!!男塾芸人』を、宮下先生はおもしろかったと絶賛。サンドの2人もひと安心。

■漫画家の前はバンドマン!?

当初はギターミュージシャンになりたかった宮下先生。周囲にうまい人がいる現実に、その夢をあきらめて楽器を売り払い、小学生のころから描いていた漫画を生業とすることを目指した。

■初連載決定は、本宮ひろ志先生の鶴のひと声

デビュー前に本宮ひろ志先生に見せた一篇の作品が、本宮先生の琴線に触れ、編集がすぐに呼ばれて、とんとん拍子に連載決定!

★『魁!!男塾』の展開はアドリブ!? P012に掲載!

■『魁!!男塾』の女性キャラクター

『魁!!男塾』を読み込んだ伊達から、女性キャラがほとんどいないという指摘。それは宮下先生が「女の人を描くのが苦手」なことが理由と告白。おばあちゃんなら得意とのこと。

■大豪院邪鬼、大きすぎ問題

伊達がどうしても聞きたかった、初登場時の大豪院邪鬼が大きすぎる件。先生の答えは「大きすぎてキャラとして使いにくいのでだんだん小さくしてみたけれど、うまくいかずにバレちゃいました」。

★長期連載ゆえの「漫画家あるある」 P013に掲載!

■伊達の熱意にクールな宮下先生

驚邏大四凶殺、大威震八連制覇、天挑五輪大武會、孤戮闘の証などについて熱く語る伊達に対し、宮下先生は「そんなこともありましたね」。白熱した言い争いを予想した伊達は面食らっていた。

[redacted]

2017/7/8 放送

第2回　週刊ラジオジャンプCONTENTS

■描きやすいキャラは?

『魁!!男塾』のなかで描きやすいキャラは、田沢、松尾、秀麿といった、いわゆる三枚目のキャラ。田沢、松尾の死のシーンに「泣きました。」と語る伊達に、宮下先生はあいまいな返事の後、「生き返りましたよね。王大人が包帯巻くと、みんな治りますから」。

■宮下先生のプライベート

漫画を描いていないときは、手軽にできるパチンコや麻雀をたしなむ宮下先生。昔とは違い、現在は週3日は自由な時間がとれ、仕事もすっかり朝型に。漫画のアイディアも机に向かって考える。

■宮下先生のお昼ごはん

宮下先生は、仕事場の近くにたくさんあるという立ち食いそばをよく食べる。麺類、とくに日本そばが好きだとのこと。

■描きにくいキャラクターは?

『魁!!男塾』のなかで描きにくいキャラクターは、意外や意外、主人公の剣桃太郎。二枚目が描きづらいらしい。

★くまモンを追いかけて P014に掲載!

★ベスト2~3:好きな飲み屋街 P014に掲載!

★ベスト1:ギターコレクション20本 P015に掲載!

■いま読んでいる漫画は?

小説にしても漫画にしても読むことが「得意じゃなく、面倒くさい」宮下先生は、他人の漫画を読むことがないと発言。

■「『北斗の拳』がなんぼのもんじゃーっ」。その真意

『魁!!男塾』のひとコマで、宮下先生らしき人物が「『北斗の拳』、『キャプテン翼』がなんぼのもんじゃーっ」と富樫を殴るシーン。それについて聞かれると、ひたすら恐縮するばかりの宮下先生。

★最新作もいつもの調子!? P017に掲載!

★『魁!!男塾』の展開はアドリブ!?

伊達（以下）：男塾って高校なんですか？

宮下（以下）：よく質問されるんですけど、あまりはっきりしてないんですよね（笑）

：一号生から三号生までいて、1年生から3年生なのかと思いきや、三号生筆頭の大豪院《だいごういん》邪鬼《じゃき》というのが男塾を「長年」制圧しているという。1年で二号生に、2年で三号生になるわけじゃないんだと。

富澤（以下）：留年してるのかなあと。

：中学生か高校生かわからないけど、塾生はみんな歳とっていて。みんなヒゲ生えて。

：年齢はいくつくらいなんですか。

：いくつなんですかね（：笑）

：**これ、先生が知らなければ誰も知らないことなんじゃ**。そのへんも、ザックリとした感じで始まった漫画なんですね。『魁《さきがけ》!!男塾《おとこじゅく》』を描き始めたときに、こんなにも流行るもんだと思いました？

：いやあ、全然わからないですね。

：どのへんまでの展開を考えての描き出しなんですかね？

：考えてないですね。毎週毎週、せいいっぱいで。

：翌週のことも考えないくらい？　マジですか？　そんな漫画あるんですね。

：けっこう、みんなそうじゃないですかね。ほとんど**アドリブで話、進めています。**

：だから読んでいると「あれ？」っていう展開もあったりするじゃないですか。でも、そこがまた『魁!!男塾』っぽいなあとか思うんですけど。

：最初はわりとギャグ要素が強かったじゃないですか。なんであれ、途中から闘いにシフトしていったんですか？

：人気投票では闘い物が多くて、そのころの漫画もみんな闘いが主流。それについていこうと思ってたんじゃないですかね（笑）

：じゃあ、勢いでこう……。**『魁!!男塾』じゃなくて『勢《いきおい》!!男塾《おとこじゅく》』ですね**。一番強いやつが、江田島平八という男塾塾長。塾長の名セリフがありますよね。

：**「わしが男塾塾長 江田島平八《えだじまへいはち》である!」**

：塾長は基本、それしかしゃべらない。自己紹介じゃないですか、単なる。

：あれもアドリブですねぇ（：笑）

★長期連載ゆえの「漫画家あるある」

：宮下《みやした》あきら先生に事前にアンケートに答えていただいたなかの「漫画家あるあるといえば?」という質問。宮下先生の回答は「**長く連載しているとキャラクターが増えてしまい、どのキャラが死んでいるか忘れてしまう**」。マジで漫画家あるあるですか?

：俺だけですよ、それ。ほんとに混乱するときあるんですよね。

：わかります。その混乱の感じは。だってものすごく生き返るし。けっこう早々に死ぬじゃないですか。たとえば、驚邏大四凶殺《きょうらだいよんきょうさつ》、けっこう死にますよね。伊達臣人《だておみと》率いる関東豪学連の面々、三面拳も全員死ぬんですよ。で、次のページで生きていたりするんです。

：**忘れすぎでしょ。それ**。

：あれは死んじゃった後「殺すの早かったな」と思って蘇らせるんですか。

サンドウィッチマンの週刊ラジオジャンプ

リクエスト1曲目

TVアニメ『魁!!男塾』のオープニング曲
汚れつちまった悲しみに…／一世風靡セピア

2017年7月1日(土) ON AIR!!

：そういうところはありますよね。生き返るとみんな喜ぶじゃないですか（笑）。

：そりゃうれしいんですけどね（笑）。できれば、先生的には殺したくない？

：そうですね。もう1回活躍させたいという気持ちが。

★くまモンを追いかけて

：先生のアンケートのなかの「宮下先生、ここだけの話」というのを発表します。

：**「くまモンが大好きで、追っかけをしていた！」**。ほんとですか、これ？

：熊本まで行きました、会いに。もうかわいくてしょうがないですね。くまモンの顔が付いたグッズだと、何でもかんでも買っちゃったりしてますね。

：ふなっしーはどうですか、ふなっしー。

：**ふなっしーは……あまり好きじゃないですね**（：笑）しゃべんないのがいい。

：意外だなあ。そういうキャラクターの出る漫画は描こうとは思わないんですか。

：俺の絵面じゃあ、ちょっとくまモンは無理じゃないかなあ（笑）

：熊本まで追いかけて、会えたんですか。

：会えました。握手してサインまでもらえました。

★ベスト2〜3：好きな飲み屋街

：宮下先生に決めてもらった「なんでもベスト3」のテーマは「好きな飲み屋街エリアベスト3」。なんですかこのベスト3は？

：安酒が好きなんですね。町の人とか、その雰囲気が好きです。

：第3位は？

：私が住んでいるところからはちょっと距離あるんですけど、**赤羽**。

：なんでまた赤羽？

：飲んべえの聖地みたいな感じするんですよね。

：たしかに、午前中からやってるようなお店とか多いですよね。

：では、第2位は？

：**中野**です。個性的な、昔から続いているお店がけっこうあって、そういうのが好きなんです。編集や仲間や、アシスタントとも飲みに行きますよ。

：先生は週何日くらい飲んでるんですか。

：まあ、週7日飲んでるんじゃないでしょうか（笑）

：**いや、休肝日作りましょうよ、先生**。

：じゃあ、今夜もまた飲むんですか。

：そうですね〜。また飲むんじゃないですかね（笑）

：僕らがね、2人とも酒を飲まないんですよね。どう思います？

：いや、お酒は飲まないほうが絶対偉いと思います。

：でも飲みたいなあと思うんですよ。みんな、おいしそうに飲むじゃないですか。

：いやあ、だけどお酒飲まない人のほうが絶対偉いし、いいことばっかりですよ。

：**先生、やめたいんですか？**（：笑）

：今さらやめても、どうにもアレですよ。

★ベスト1：ギターコレクション20本

：第1位は？

サンドウィッチマンの週刊ラジオジャンプ

リクエスト2曲目

宮下先生が高校生の時に初めてコピーした1曲

パープル・ヘイズ／ジミ・ヘンドリックス

2017年7月8日土 ON AIR!!

☆男塾初期を描いた『真!!男塾』、週刊漫画ゴラクで絶賛連載中!!

：**西荻窪**です。そこにライブハウスがあるんですよ。おやじばかりが楽器持ってきて知らない人とセッションしたりするような店があるんですけど、それが楽しいですね。

：じゃあ、先生はギターを今もやってらっしゃるんですか？

：やってますよ。今じゃ〜、指が全然動かないけど。

：**じゃあ、ずっと同じ音じゃないですか。**

：バンドマンやめたときは楽器を売り払ったじゃないですか。

：ええ。それから、また買いだしたんですよ。少し小金ができて、それからずいぶんギターを集めましたね。

：今、何本くらいあるんですか。

：20本くらいですかね。

：なんでそんなにあるんですか。

：骨董と同じなんです。古いギター集めていると、なんか収集したくなるなんですよ。スタジオも作ってあったんですけどね。今はちょっとなくなっちゃてるんですけど。

：けっこう高価なギターもあるんじゃないですか、コレクションのなかに。

：骨董みたいなもので、けっこう値段が高いものもありますね、かなり。

：ちなみに一番高いのって。

：鑑定してもらったことがないから分からないけど、５００万円くらいかな。

：５００万!?

：それで、演奏はそんなに大したことないんですか？

：全然大したことない（：笑）

：ちなみに、今、欲しいギターとか？

：今はもうないですね。情熱がなくなりました。

：**え、じゃあ、くださいよ**（：笑）

：いつでも（笑）

：今、熱くなっているものって？

：今は……なんだろう……。

：**パチンコですかやっぱり**（：笑）

：先生は、くまモンがお好きですから。

：くまモンも、もうちょっと……。

：**もう飽きたんですか**（：笑）

★最新作もいつもの調子!?

：さて、宮下先生、何かお知らせはございますでしょうか。

：週刊漫画ゴラクで『真《しん》!!男塾《おとこじゅく》』というのを連載しているので、どうか応援よろしくお願いします。

：これもやっぱり次の週のことをあんまり考えずに描いてるんですか？

：**ほとんど考えてない**（：笑）

：すごいな。ずっとアドリブできてるわけですよね。

：描けるのがすごいな～。

：**来週どうすっかな**みたいな感じでしょう。

：ええ（笑）

：あの1個だけいいですか？　三面拳《さんめんけん》の月光《げっこう》は最終的に目が見えてなかったんですよね？

：……そうなんですよね。

：それは最初から決めていたんですか？

：**全然決めてなかったです**。

：**決めてなかったのかよ**（：笑）あれがずっと不思議で。

：また、それを知って読むとまた面白いね。

：そう。今日帰ったらすぐにまた1巻から読むよ。

GUEST

02 森田まさのり

Masanori Morita

『ろくでなしBLUES』1巻

PROFILE 1966年滋賀県生まれ。「週刊少年ジャンプ」での連載デビュー作は、1988年スタートの『ろくでなしBLUES』。初連載でありながら、およそ8年半にわたるヒット作に。さらに高校球児を描いた『ROOKIES』はTVドラマ、映画化。お笑いコンビの青春を描いた『べしゃり暮らし』には、「サンドウィッチメ〜ン」が登場。

2017/7/15 放送

第3回　週刊ラジオジャンプCONTENTS

■『べしゃり暮らし』にサンドの2人が登場！

『べしゃり暮らし』には、サンドの2人がモデルの「サンドウィッチメ～ン」が登場する。楽屋を撮影した写真を元に、2人だとわかる飄々とした雰囲気の人物を描いた森田先生の筆力にサンドは感嘆！

■ゼロから漫画クラブを立ち上げ！

子供の頃、『ドラえもん（藤子・F・不二雄）』を真似して描いていた森田先生。それを親に褒められたことで、漫画好きに！　小学生の時、校長先生にお願いして漫画クラブを作ってもらったそう。友達と漫画を合作したり、できた作品をコピーして配っていた。

■『まんが道』で漫画家を志す！

『まんが道（藤子不二雄Ⓐ）』を読んで、漫画家になりたいと思った森田先生。『まんが道』の主人公の真似をして、中学3年生の時に原稿を持って様々な出版社を回ったという。

★初持ち込みの苦い思い出！ P020に掲載！

■4年間で連載を取れなければ諦める覚悟で上京！

実家の家業のお寺を継がなければいけなかった森田先生。「4年間だけ大学に行ったと思って東京に行かせてくれ」と親を説得して上京。1年目はアシスタントをやると決め、原哲夫先生に師事した。

■『ろくでなしBLUES』はサンドのバイブル！

アバラ折りをする葛西にちなみ、サンドは今だに池袋に行くと「アバラがうずくなあ」と言ってしまうほど『ろくでなし』にハマっていた。富澤の卒業アルバムの写真にはその影響が色濃いという。

★『ろくでなしBLUES』誕生秘話！ P021に掲載！

■「東京四天王」は後付けだった!?

人気を決定づけた鬼塚編の後に薬師寺編を描くことになった時に、「こないだの鬼塚と太尊も入れて、四天王にしよう」と初めて思い付いたそう。「あれ、後付けなんですか！」とショックを受けるサンドをよそに、森田先生は「……そんなもんですよ」とつぶやいた。

あなたにとって「週刊少年ジャンプ」とは？

とてもお世話になった、師匠のような、学校のような存在です

2017/7/22 放送

第4回　週刊ラジオジャンプCONTENTS

■葛西と薬師寺の髪型を取り違える!?

前髪を垂らした薬師寺の髪型について、伊達と話がかみ合わない森田先生。ブロッコリーのような髪型の葛西と間違えていた。

■『ROOKIES』は見切り発車で始めた！

『ROOKIES』は連載当初、どんな話にするのか方針が決まっていなかったそう。先生が不良を更生させるなら何かさせたほうがいいだろうということで、「じゃあ野球で」となったのだとか。また、「こうやって売れたのもドラマのおかげ。ドラマになったのが、人生で一番嬉しいくらい」と森田先生は当時を振り返っていた。

■漫才ブームの時からやりたかった『べしゃり暮らし』

森田先生は、80年代前半の漫才ブームの時からのお笑い好き。ネタを終え舞台袖にはける時の、急に素の顔になったりする芸人の顔の変化の様にドラマやカッコよさを感じていた。「いつかこれを漫画にできたら」という思いを叶えたのが『べしゃり暮らし』だった。

■ベスト3：一度でいいから、私の言うとおりに描いてみませんか？

担当編集に言われてショックだったセリフ第3位。『ろくでなし』のネームに詰まった際、他作品で自らが出した案がウケて評判となり、天狗になったと思われる入社2年目の担当編集の言葉。

■ベスト2：先生、それじゃ伸びませんよ？

『べしゃり暮らし』の準備期間中、3位とは別の、入社2年目の担当編集に同じお笑い芸人が題材の「『シチサンメガネ（兼山臣）』を読んでください」と言われた森田先生。「影響を受けるかもしれないから読みたくない」と答えたら、この言葉を返されたという。

■ベスト1：森田先生は、インプットが足りないからなあ

入社1年目の担当編集の言葉。漫画しか描いてこなかったこともあり、森田先生は自身の引き出しの少なさに思い当たるフシがあった。「ハハハ」と返したがうまく笑えなかった。これを言われたおかげで、『べしゃり暮らし』はちゃんと取材をして描こうと心に決めた。

★絶対に売れてやると誓ったあの日！ P023に掲載！

★初持ち込みの苦い思い出！

富澤（以下）：すごい行動力ですね。小学生の時に作品を配ったり、中学校3年生で出版社へ持ち込みしたり……。

伊達（以下）：滋賀県から東京都までは、1人で出てきたんですか？

森田（以下）：東京にね、親戚がいたんですよ。そこにお世話になりながら。

：反応はどうだったんですか。

：それはもう、中3の、落書きみたいなものだと思われたんですかね、各社冷たくあしらわれました。その時、ある出版社の……これ、収録だから言っていいんですよね？

：いいですよ。いきましょう。

：**＊＊の＊＊っていう人の名刺を、ぎゅーっと握りしめた跡があって。**それがずっと残っているんですけど。

：何があったんですか。

：言われた内容は覚えていないんですが、よっぽどひどいこと言われたんですかね。

：ＷＪ《ウィークリージャンプ》の編集部の人は、やさしくしてくれたんですか。

：その時、最後にＷＪへ行ったんですよ。最初は少年画報社や秋田書店を回り、次に小学館に行き、その隣が集英社で。講談社だけ場所がわかんなかったんで行かなかったんですけど。**集英社で出てきてくれた担当さんが、ちょっと見るところが違《ちが》ったんですよ。「これは見たことがないね」「これは新しいね」とか、そういう褒めかたをしてくれた。**

：さすがＷＪですね。

：ＷＪって、いろんな漫画雑誌の中で一番最後にできたらしいんですね。なので新人を育てるとか、そういうのに長《た》けていたというか、一生懸命新人を探していましたね。

リクエスト1曲目

仕事終わりにかける曲！
夜をぶっとばせ／ザ・ローリング・ストーンズ

2017年
7月15日(土)
ON AIR!!

── そういう情報は、後に聞いたんですか。

── そうです。ほめてもらってうれしくって、その次の年もまた持っていったんです。その人を指名していけばいいんだけど、なんとなく申し訳ない気がしたんで、**飛び込みで行ったんですけどたまたま同じ人が出てきて。**

── 運命だ。

── また来たねぇと。

── その人が担当ですね。

── その方の名刺は握りつぶさなかったんですね（……笑）

── 額に入れて飾っとかないと。

── ありがたいことですよね。今に至るきっかけを作ってくれた方になるわけですから。

── すげえなあ。それ自体、漫画になりそうな話ですね。

── それはもう、なるでしょうね。『まんが道』じゃないですけど。

── **のちにその人、編集長になってますからね。**

── さすがですね！

── 人望があるんでしょうね。

★『ろくでなしBLUES』誕生秘話！

── 不良漫画にしようというきっかけは何かあったんですか。

── 自分の中に引き出しがなかったということですね。なので学園生活以外描けなかった。

── 先生自体、不良ではなかったんですか。

── 全然違います。

── よく描けましたね、じゃあ。

：**だから、ファンタジーですね、あれは。**本当の不良が描いたら、あんな風には多分ならないですね。

：でも、意外とリアルだったりしません？ ボクシング部対応援団の戦いだとか。

：あー……想像ですね。『ろくでなし』は何の資料もなくて（：笑）

：学園生活でも、もっと華やかな、男くさくない漫画もあるじゃないですか。なんでまたツッパリの不良漫画を？

：小林《こばやし》まこと先生の『I am《アイム》 マッコイ』って知ってます？ 暴走族の漫画なんですけど。

：ＴＶ演出家のマッコイ斉藤は知ってるけど……（：笑）

：『ろくでなし』の連載が始まる少し前に始まって、担当もこの漫画が大好きで。

：じゃあ、小林先生の影響も……。

：ものすごく受けてます。**『ろくでなし』のギャグは、小林先生のギャグですからね。**

：『ろくでなし』って漫画なのに、ギャグの「間」で笑わせるじゃないですか。これ、すごいなと思っていて。あとツッコミも。他では、口の描き方が独特だなと。

：俺も思いましたね。前田太尊《まえだたいそん》の口とか。

：**口は、発音を意識して描いているんです。**特に叫ぶシーンとか、口がセリフの一番最後の文字の母音になるようにしています。

：たとえば「いいけげんにしろ」だったら、「お」という口になっているわけですね。

：はい。

：口が、ちゃんとしゃべってる口なんだよね。口を閉じてしゃべる漫画もありますもんね。

：『北斗《ほくと》の拳《けん》』は、口を閉じたましゃべりますね。

：**長いことね（：笑）**

：それはどういうこだわりだったんですか。

：自分なりの武器を見つけようと思いまして、僕は口の形だ！ と。

：じゃあ、結構なこだわりですよね。

：机の前に鏡を置いて描いてますよ。

★絶対に売れてやると誓ったあの日！

：うわ、これは興味ある。

：名刺以外にまだある。

：あの、名刺をくしゃくしゃにした日ではないってことですね。

：また、僕の小ささを暴露することになるかもしれないですけど（：笑）

：いや、大丈夫です、これ以上。

：僕、頑張るのって、悔しさなんですかね。悔しさがバネになってるのかもしれない。

：やっぱり、そうだと思いますよ。話を聞いてると。

：やっぱりそう……しゃべりますか。

：ここまできてやんないってわけがわかんない。

：僕が、昔住んでたマンションがあるんですけど、そのマンションに、僕が住んでいたちょうど真下の部屋に、超有名漫画家さんが住んでたんですね。『ろくでなし』が始まってまだ間もない頃だと思うんですけど。だから、僕まだそんな売れてなくて。

：はい。

サンドウィッチメ〜ン！

お笑い芸人の世界を描いた『べしゃり暮らし』。この作品の取材を通して、森田先生とサンドは週刊ラジオジャンプ出演以前から面識があったという。なお、『べしゃり暮らし』には、サンドをモデルにした芸人も登場していた！

：その頃に、「下の部屋が、なんか騒々しいなぁ」って思ってたんですけど、どうやらいろんな作家さんを集めて、パーティをやってるらしかったんですよね。僕なんか呼んでもらえるわけないなと思っていたら、しばらくしてですね、「トントン」と。その先生が他の先生たちを連れてやって来たんです。**「森田君、今、下でパーティーやってるんで、来ない？」と。**

：あら、お呼びがかかった。これは来ましたね。

：「すごい、これは」と。それは天にも昇る気持ちで。

：「行っていいんですか？」と。

：はい。嬉しくて。もらいもんですけど、家にあったワインを手土産に持って、ちょっといい服に着替えて。行きますよ、それは。下に着くと、中から楽しそうな笑い声が聞こえてくるわけですよ。こっちはドキドキしながら「行くぞ」と、トントンってドアをノックしたら、一瞬、笑い声がピタッと止んで、ドッと笑い声が聞こえて。**その中から、「うわぁ、本当に来たよ」って聞こえてきたんです。**

：ああ……嫌だ。俺もそれは、嫌だなぁ。

：「マジかぁ」って聞こえてきたんです。

：ええー！　うわあ。

：多分、その先生が来てくれたのは、「今、下でパーティでやってるから、騒々しくしますよ。一応、言いましたからね」っていうことなんですよ。「誰も呼んでないよ」って。それを僕は、呼んでもらったと思って行きました。

：ちゃんと着替えて。

：そう着替えて。

：**「マジで来てんじゃん」みたいなことですよね？　要するに。**

：中に入りましたら、ちゃんと担当さんらしき人が、にこやかに迎えてくれましたけど。僕もう、何をしゃべったか全く覚えてないです。ただ、いた奴の顔、覚えてますよ（：笑）

：**ちっちぇなぁ**（：笑）でも、それは気持ち、わかりますわ。

：**「コイツらには負けるか！」と。**

：なるほど。長居もせず帰ってきたわけですよね？

：そうですね。「いつか絶対に売れてやる」と誓った日の出来事でした。

：うわ、これは……聞きてぇな、その先生。誰だい？

：＊＊です。

：**すぐ言った（笑）**

：そんな感じですか。

：そのマンションには、そうそうたる漫画家さんがいらしたわけですか。

：いましたね。

：超えましたね。

：いや、まだまだなんですけど（笑）

：いや、超えたでしょ。

：超えるまで頑張ります。僕は。

：**超えたと思ったから、今日、発表したんでしょ？**（：笑）

GUEST

03 稲垣理一郎

Riichirō Inagaki

『アイシールド21』1巻

『Dr. STONE』1巻

PROFILE 1976年東京都生まれ。当初は漫画家として活動していたが、2002年「週刊少年ジャンプ」で連載がスタートした『アイシールド21』で原作者デビュー。作画担当の村田雄介先生とタッグを組んだこの作品は2009年まで続き、TVアニメ化もされた。現在は作画担当のBoichi先生とタッグを組んで、『Dr.STONE』を「週刊少年ジャンプ」に連載中。

2017/7/29放送 第5回 週刊ラジオジャンプCONTENTS

■漫画原作者の仕事とは？

原作者にはさまざまなタイプが存在する。稲垣先生は「ネーム原作」と言われるタイプで、絵を描き入れた精密なネームまで製作するのだそう。実際のネームを目にした伊達はその完成度に驚いた！

■絵を描けるのに漫画で描かない理由

元は漫画家として活躍していた稲垣先生。自分で絵まで描かない理由は「自分より上手い人がたくさんいるから」なのだとか。「本当に上手い人の絵を見ると凹みます…」とも。

■売れっ子原作者になるまで

稲垣先生の場合は、『アイシールド21』のプロトタイプを原作のコンテスト「ストーリーキング」に応募し、見事大賞受賞。その後担当の編集者が付き、そのまま原作者になった。

■『アイシールド21』コンビ結成秘話

当時の担当編集が作画候補者に仮絵を描いてもらいコンペを開催。その中で村田雄介先生が抜群に上手く、さらに防具の中身や構成などを細かく描いてきたことから作画担当に選ばれた！

★なんでラグビーじゃないの!? P028に掲載！

■キャラクターはどう生まれた？

まず最初に『SLAM DUNK』作中で主人公の桜木花道が反則した姿から、「勝つためならどんなダーティなこともする」蛭魔《ひるま》が誕生。そんな蛭魔の悪行を物理的に止めるために巨漢の栗田が、最後に読者視点を確保するために主人公の瀬那《せな》がそれぞれ生まれた！

★漫画原作者の漫画みたいな大事件！ P029に掲載！

■メール1：どんなときにストーリーが思いつく？

ネタに煮詰まったときは、ネタのことを考えつつ外出したり、お風呂に入ったりして、「とにかく環境をバシバシ変える」のだそう。でも、ゲームのように完全に漫画から離れちゃうと、「絶対にアイディアは出てこない」と力説！

あなたにとって「週刊少年ジャンプ」とは？

ただの娯楽からいつしか仕事になり、ともに歩んで40年。結果的に人生とともにあるものです。

2017/8/5放送 第6回 週刊ラジオジャンプCONTENTS

■7年間の充電期間はドラクエ三昧!?

『アイシールド21』の連載終了から『Dr.STONE』の連載開始までの7年間は「ドラクエ」ばっかりやっていたんだとか。

■『Dr.STONE』誕生までの道のり

「人が地道に何かを成そうとする姿を描きたい」と思ったのが発端。また、「人が耐え抜く姿」を演出するために「石化」という設定が用いられた。

■『Dr.STONE』は元々違うタイトルだった!?

元々第1話のサブタイトルになっている『ストーンワールド』がタイトルだったが、商標登録の関係で変更を余儀なくされた。

■ベスト3：設定を忘れたらファンサイトを見ていた？

先生が「なんでもベスト3」に選んだテーマは「締め切りに勝つ！原作者の裏技」。第3位は、物語の設定を忘れた場合、ウェブ上のファンサイトを活用し、作業時間を短縮する方法だった。

■ベスト2：カフェインは計画的にとるべし！

眠気を抑えることのできるカフェインは、無計画に摂取すると揺り戻しがきてしまうので、連載中は作業のラストスパートなど、効果切れを計算しながら摂取しているのだそう。

★ベスト1：最後は……脱ぐ!? P031に掲載！

■メール2：物語を作る時に子どもの読者を意識する？

「『アイシールド21』連載時、読者の中でも子どものことを考えていましたか？」という質問に対し、先生は「『週刊少年ジャンプ』なのですごく意識していた」と返答。

★今はまだ全裸になってない!? P033に掲載！

■サンドウィッチマンが『Dr.STONE』に出演!?

2人は「『Dr.STONE』に出してくれませんか」とお願い。Boichi先生が聞いていたら……石化状態の2人が登場する可能性も。

★なんでラグビーじゃないの!?

伊達（以下）：『アイシールド21』についていろいろお聞きしたいんですが。これ「アメフト」の漫画なんですよね。僕ら高校時代ラグビー部で、そこで知り合ったわけなんですが。先生、これラグビーじゃないんですね……。

稲垣（以下）：アメフトですね（笑）似てるのはボールの形だけでルールはかなり違いますからね（笑）

：アメフトは前にパスしますからね。ラグビーは後ろに向かってしかパスできませんから。

富澤（以下）：先生……これなんでラグビーにしなかったんですか？（笑）

：それ**当時の編集長にも同じこと言われたん**ですよ。『アイシールド21』連載が決まって初めて編集長にご挨拶に伺ったんですが、そしたら編集長からの第一声が「**なんでラグビーじゃないの？**」でしたからね（：笑）

：ラグビー好きや経験者はそうなってしまいますよ。

：僕らが高校時代にラグビーやってたときって、アメフトも人気のある時代だったんですよ。でも、アメフトっていろんな防具つけて、前にパスしていいって聞いていたので……「**邪道だ**」と言っていましたね。

：ボールを前に出すことが邪道!?

：それと防具をつけることが。

：「**軟弱！**」と（笑）

：「**あんな防具つけてたら、どんな当たりだってできるっつーの！**」と（：笑）

：**そんなことはないでしょ（笑）**

：「**俺たちラガーマンは生身でやってんだ！**」ってね。

：アメフトを否定しがちでしたね。

：「ラグビーはボールを後ろにパスしながら

前に進むんだ！」って。**よく考えたらわけのわからないスポーツなのかな、**なんていう風にも思いますけど……。

：ほんとだよな。なんでパスするとき下がるんだろな。

：ラガーマン的にはアメフト選手はちょっと**ディスりの対象だった**ってことですか？

：いやまぁ…**僕らだけ**だと思いますよ。

：弱いやつらは特にそうだな。

：僕らはほんとうに弱小チームだったんでね。

：そういえば昔さ、おまえがラグビーの漫画買ってきたじゃん。

：あったな。ラグビーの漫画ってあんまりないんだよな。

：ラグビーって、ゴールしたときの掛け声「トライ！」なんですよね。でもその漫画、最後の最後、ゴール決めたときのセリフがアメフトの「**タッチダァアーーウン！**」だったんですよね……。

：(笑)

：そこでその漫画、完結してたんですよね。

：「**登場人物、ラグビー知らねーやつらじゃん**」って……焦ったよな……。

：トイレで読んでたけど、**1回出きったうんこがもう1回出た**からね。

：**汚ねーな……。**

★漫画原作者の漫画みたいな大事件！

：さて、ここからは漫画原作者の身に起こった「**漫画みたいな大事件**」を伺ってみたいと

リクエスト1曲目

テンションアップのスイッチが入る曲！

Larger Than Life／Back Street Boys

2017年7月29日土 ON AIR!!

思います。先生、お願いします。

：はい。番組の冒頭でも言ったんですか、僕は『アイシールド21』の原作を原作賞に出して受賞したのが、漫画原作者としてのスタートなんです。まず「週刊少年ジャンプ」の本誌で「**ストーリーキング**」という原作賞を募集していたので、出したんですね。でも、まぁ返事なんかこないですよね。**賞なんてそんなもん**じゃないですか。

：まぁそうですよね。

：なので、一次審査か二次審査で落ちたんだなーとか思っていたわけです。それからしばらく経って、ちょうど月曜日に外出してたときに「そろそろストーリーキングの発表になってないかな」と思って、駅のキヨスクでジャンプを見たんです。それで、パラパラ……ページとページをめくっていったら、途中のページに「ストーリーキング発表！」って書いてあって。で、読み進めるとおお！　初の大賞が出たのか！　なになに……受賞漫画は……へー『アイシールド21』って言う漫画かー……って**オレのじゃん！**」と（：笑）

：それマジっすか!?

：事前連絡とかなかったんですか？

：まったくなかったんです。だからキヨスクで「お、俺だ！」って。

：それは**立ち読みで？**

：**立ち読みで**（：笑）で、震える手でレジまで持っていって。そのとき一緒に居た人に、これまた震える手でジャンプを手渡しながら「俺、大賞とってた」って（：笑）

：やっぱりめちゃくちゃ嬉しかったですか？

：いやまぁ嬉しかったんですけど、それ以前に「**何これ!?　こんなことあるの!?**」って気持ちのほうが強かったですね（：笑）

：すごい発表の仕方ですね……。

：実際はそんな発表の仕方ではないですよ。集英社の名誉のために申し上げておくのですが、これが普通じゃないんです。そのとき、**たまたま行き違いがあっただけ**なんです。当時の担当者の間で引き継ぎがあったり、連絡時に僕が不在だったりとか、そういうトラブルがあったんです。普通は連絡行きます（笑）

：そりゃそうですよね。立ち読みで自分の受賞知るなんて……。「**俺キング獲ってるのに……**」ってなりますよね。

：**読者の投稿欄じゃねーんだからっ**て（

：笑）

：「**テレホンカード当たりました！**」なんてな。それにしてもすごい話だなぁ……。

：こういうことも実際ありますので。連絡なくても発表されるまで諦めちゃだめです。

：テレビ番組でも、プレゼントとかあるじゃん、「発送をもって返させて頂きます」ってね。それもね。**待ってればいつか来る**でしょ。

：それは**違う**（笑）

：**おまえそれは外れてるだけだろ**。

：それは外れてるだけか……。

★ベスト1：最後は……脱ぐ!?

：では、稲垣先生のなんでもベスト3「**締め切りに勝つ！　原作者の裏技**」の第1位は？

：**最後は脱ぐ！**

：**なにを言ってるんですか……。**

：先生どうしました……？　**ダチョウ倶楽部さん**みたいになってますけど……。

週刊 サンドウィッチマンのラジオジャンプ

リクエスト2曲目

情緒的なネームを作るときに聞く曲！

未来／コブクロ

2017年8月5日(土) ON AIR!!

☆稲垣先生原作の『Dr.STONE』は「週刊少年ジャンプ」で絶賛連載中！

：いや（笑）寝たいけど、締め切りギリギリでもう寝れない！　というときにですね、**全裸になると眠気が来ない**んですよ。

：……ですからね？　改めて、**何を言ってるんですかね？**

：（笑）脱ぐと人って寝ないんですよ。これやってもらうとわかるんですけど、特に**おパンツを脱いで頂くと寝なくなる**んですよ！

：まじですか!?

：本当に**全裸で描いているときありました**からね……と言っても本当にヤバイときだけですよ!?　いつも全裸なわけじゃないですからね!?　「あと数時間で仕上げないとマズいのに、眠い……」ってときに、おもむろに全裸になって、椅子を**自分のワンパクなモノで汚さないよう**に、お尻の下におパンツを敷かせて頂いて。

：そうですよね。**自分のペン先が椅子を汚してしまいます**からね（：笑）

：で、全裸のまま作業して、修羅場を乗り切ってましたね。

：俺も最近ネタ書かなきゃいけないんだけど眠気に勝てなくて。これやってみようかな。

：**お前が全裸で考えたネタ**やるの嫌なんだけど……。

：それ言ったらおまえ、**全裸で描かれた漫画読むのも嫌だわ**（：笑）

：じゃあどの回を全裸で書いたかは言わない方が良いですね（笑）

：それにしてもなんで全裸なんですかね。だんだん薄着になる……なら分かりますけど。

：どういう意識が働くんですかね？

：「**危険だ！**」っていう本能的な……。

：それは何が危険なんですかね。**全裸で描いてるって時点で危険**ですからね（：笑）

：これマジでやってみようかな。ネタできたらすぐ送るよ「**今、全裸です**」って書いて。

：**その報告はいらないよね……。**

：これ誰か**科学的に証明**してくんないかな。

：裸でやるといいですよー……って**そんなモン誰が科学的に証明するか**（：笑）まぁ、でもこれはあくまで先生のやり方ってことでね。

：そうです。裏技ですね（笑）

：別に**カフェインを入れすぎておかしくなったと**かそういうわけでは……？

：**そういうわけではない**です（笑）

★今はまだ全裸になってない!?

：それにしてもちょっと『Dr.STONE』の内容は大人向けですよね。

：そうですね『アイシールド21』の時よりはそうかもしれませんね。

：ですよね。でもまさかね…読者は**そんな漫画を先生が全裸で描いている、**とは夢にも思っていないわけですがね。

：違います（笑）！　**まだ『Dr.STONE』で全裸になって描いたことは一度もない**です！

：これからですよね。

：そうですそうです。これから……って**違う！**

：全裸で描いてて、**あの部分がストーン化する、**なんてことはないんですか？

（：笑）

：ないない（笑）

：**何言ってんだおまえは……。**

：石化するってね。アソコだけね。

：**その漫画は一体誰に向けて描いてんだよ……。**

（：笑）

GUEST

04 Kyosuke Usuta うすた京介

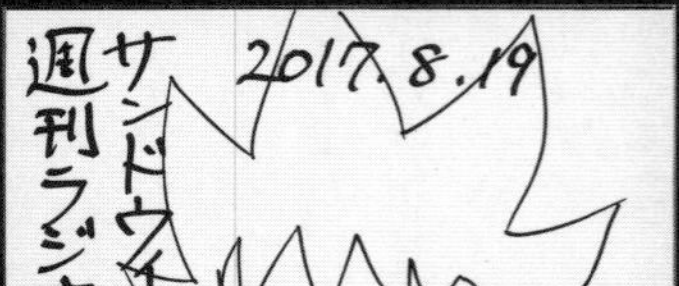

PROFILE 1974年愛知県生まれ、熊本県育ち。「週刊少年ジャンプ」での連載デビュー作は、1995年～1997年連載の『セクシーコマンドー外伝　すごいよ!!マサルさん』。2000年にスタートした『ピューと吹く!ジャガー』は10年間続き、TVアニメ化、実写映画化も。ウェブ漫画誌「少年ジャンプ+」で連載していた『フードファイタータベル』全7巻が発売中。

『セクシーコマンドー外伝　すごいよ!!マサルさん』1巻

2017/8/12放送

第7回　週刊ラジオジャンプCONTENTS

■サンドウィッチマンとの共通点

実はうすた先生とサンドウィッチマンは同年代。お笑いが好きで、どちらもさまぁ～ずのファンといった共通点がある。ボケツッコミの感じや同じネタを繰り返すところが好みとか。

■大御所は漫画の後先を考えない!?

宮下あきら先生は大御所の教えをしっかり受け継いでいるのがすごいと、うすた先生。後先考えずに大風呂敷を広げる描き方は週刊ならではで、だからジャンプ黄金期は面白かったのではと分析する。

■ラジオの司会をやったことがある！

ギャグ漫画家の後輩で『いぬまるだしっ』などの大石浩二先生と、FMラジオで2時間生放送のMC経験を持つうすた先生。道路交通情報を告知できたことが嬉しくて、その記憶しか残っていないそう。

★ギャグ漫画の難しさとは？ P036に掲載！

■セクシーコマンドーって何？

格闘技の一種で……と答え始めるも「なんなんですかね？」と自分ツッコミ。「説明させられるような質問が一番困る」と照れ笑いするうすた先生に対して、サンドウィッチマンも激しく同意し、3人はお互いにわかり合うのだった。

★ギャグマンガを10年続けたこと P038に掲載！

■メール1：ギャグ漫画には何が必要？

ひねくれていることは大事かな、とうすた先生。お笑いの人達同様に、他人の細かい部分に自然と気づけるかどうかが大事と言う。サンドウィッチマンも同意し、何か所ツッコミを入れられるかなと思いながら、常に人を見ているとのこと。

■メール2：ボケがかぶることはある

「パクリをしたことは?」という質問に、意図的にはないが、好きなものの影響は受けるので描いている時に忘れてしまって、一度だけ松本人志さんのネタをそのまま使ってしまったこともあると回答。

あなたにとって「週刊少年ジャンプ」とは？

憧れですね。ずっと憧れの雑誌だったし、連載している今でもやっぱりジャンプって凄い存在だなと思います。

2017/8/19放送

第8回　週刊ラジオジャンプCONTENTS

★なぜ大食いがテーマなのか？ P040に掲載！

■空白の5年間にしていたこと

うすた先生曰く「思い返すのも嫌なくらいの5年間（笑）」。次回作を拳法漫画にするつもりで中国拳法を習い始めたものの、1年くらいネームが通らずボツになってしまったとか。それでもとりあえず中国拳法は習い続けて、気づけば5年が経っていた。

★ベスト3：職業欄が嫌だ P040に掲載！

■ベスト2：人と関わるのが嫌だ

漫画家のここが嫌だ第2位。基本的に人見知りで人と関わりたくないから漫画を描いているにもかかわらず、編集者やアシスタントなど人と関わることが多いそう。アシスタントに入った現場では人のコーラを奪って喧嘩が勃発するシーンに遭遇し、うんざり。

■ベスト1：後悔する日が多いのが嫌だ

漫画家のここが嫌だ第1位。アイディアがなかなか出なくてテレビやYouTubeを見ながら結局仕事をしないで終わる日が多く、1日しっかり休めばよかった、と後悔の連続だという。

■メール3：役者活動をする理由とは？

あがり症を克服したくて、エレファントカシマシの宮本浩次さんの主演ドラマに、寿司屋の大将の役として出演経験があるうすた先生。ところが自他ともに認めるヒドさで、大きな悔いが残っているため、チャンスがあればまたやらせてほしい気持ちがあるという。

■メール4：過去の作品は見返す？

『ピューと吹く！ジャガー』を読み返し、苦しかった記憶しかない話などを改めて読むと、意外と面白かったなと感じたそう。ただ、自分の作品で面白いと思って何回も読み返したことはないとか。

■リクエスト曲は自分の歌!?

『ピューと吹く！ジャガー』DVD3巻の企画で、うすた先生が作詞と歌を担当。うすた先生曰く「正直、後悔しています（笑）」。

★ギャグ漫画の難しさとは？

伊達（以下）：毎回、ギャグを考えるのは大変じゃないですか？

うすた（以下）：そうですね～。お笑いの方って、2人で考えるんですよね？

：話し合いながら作るコンビも中にはいますけど、うちは基本的に富澤がやります。

富澤（以下）：そうですね。

：そうなんですね。じゃあ伊達さんが見て、ここは面白くねえな、とか言うことも？

：ありますね。**嫌～な顔しますけどね。**

：でも、その作業ってありがたいですね。僕はやっぱり1人ですから、面白いのかどうかがわかんないところがあって……。

：そんな時はどうするんですか？

：いや、もう、わかんないです。自分で何回も読み直して。なるべく客観的に読むように頑張るんですけど、1人だと、最終的にはもういいやって出せる良さもあるんですけど。

：誰かに見せたりすることはあるんですか？

：担当には見せますけど……。

：一緒に考えてくれないんですか？「こういうギャグどうですか？」とか。

：それ、めちゃくちゃむかつきますよね（笑）

：**お前が言うなと！（笑）**

：良かれと思って言ってくれているかも？（笑）

：いや、やっぱりお笑いのセンスを信頼できている人ならいいですけど。担当とは、別にそういうわけじゃないんで（笑）

：俺らはどうだろうね。作家さんも何人かいて、みんなで考えたりもするけど「こういうのどうですか？」と言われてムカっとする？

：それは、そういう作業だからなあ。だけど、これは面白くないよって傷つけたくないんで、僕はそれを集めて1人で見て、省きますね。

：**僕もボケ出ししますけど、だいたい省かれますね（笑）**

：富澤さんが主導権を握っているんですね。そういう作り方はちょっと憧れがあるんです。本当に1人で考えていると絶対訳わかんなくなりますよ。面白いってなんだろう？　みたいなことになったら、終わりじゃないですか。

：そうですね。

：読み返して、違うかなってなるんですか？

：なります。

：そうしたら、直すんですか？

：3回くらいはめっちゃ面白いんですけど、一晩寝ると全然面白くなかったり……。

：ああ～わかるわ、それは！

：ですよね!?　1回面白いって思っちゃうと、思い込みが働くんですよ。3回くらいは、これやっぱり面白いなって思って見ちゃうんですけど、一夜明けると、冷静になるんですよね。多分……全然面白くないなって（笑）

：**全然面白くないんだ（笑）**

：それはもうやり直しですか？

：やり直したり……。まあ、やり直さなかったりすることもありますけど。

：夜中のテンションもあるからな。

：でも、わかんないじゃないですか。冷静になりすぎている自分もいるんじゃないかって。これが好きな人もいるんじゃないか、とか。

：**僕らもネタ合わせで面白えなって2人でゲラゲラ笑いながらやって、いざ本番になったら誰も笑ってないっていうのは、焦りますね。**

：そうなんですよ。**誰も笑ってないときありますからね。俺らセンスねえんじゃないかと。**

：でも、同じネタでも日が違うと凄い受けたりするものもありますよね？

：僕らは単独ライブで新ネタをかけて、初日で受けなかったら、もう2度とやらないです。

：ええー、やらないんですか!?

：俺ら、そんなに心臓強くないんで……。

：だいぶ直したりはしますけどね。

：そうなんですか。すごいな～！

：**いや……。怖くて、あの空気。**

：自分が描いた漫画を誰かが読んでいるところを見る状況ってあるんですか？

：ほぼないですね。それは。

：それを見たら、怖くなる可能性はありますよ。全然笑ってねえ！　とか……。

：あ、でも1回、電車の中でありました。

：どうでした？

：なんか、もう、真面目な顔をしていましたよ。真面目な漫画を読んでいるみたいな……。

：**小説を読んでいるみたいな（笑）**

：**こえ～！（笑）**

：いやいや、でも、その人は電車の中で声を出して笑えないから、我慢してるんですよ！

：好きで好きで、何回目かかもしれない。

：ああ、飽きるほど読んでくれたのかも……。

：冷静になってみると……みたいな（笑）

：面白いなあ！　ギャグ漫画ですからね。

：結構反応がわかりやすいっていうのが、キツイですよね～。ギャグ漫画って。

：お笑いと似ているところでもありますね。

★ギャグマンガを10年続けたこと

：『ピューと吹く！ジャガー』の主人公、謎の笛吹き男ジャガージュン市《いち》ですね。そもそも、なんで笛を吹いてるんですか？

うすた先生が歌詞と歌を担当！
世界に5枚だけのシャツ／うすた京介
2017年8月19日(土) ON AIR!!

：あ……なんですかね……これは……（笑）

：**先生、恥ずかしい時は言ってください！（笑）**

：音楽の専門学校で笛を専攻している奴はいないだろうって、恥ずかしいところから……。

：ああ、なるほど、そういうところから。その『ピューと吹く！ジャガー』が10年ですよ！ギャグ漫画10年。これ、すごくないですか？

：大変でしたよね。でもこれは、元から長くやりたいなって感じでやっていたんですけど。

：へえ〜！

：ただ10年は思ってなかったですね。5年くらいやりたいなって気持ちで始めたんですよ。

：5年過ぎた時、モチベーションが下がってくるもんなんですか？

：いや、逆に5年やってみると、意外といけるかなって。7年目くらいにアニメ化とかの話がきたので、ここまで来たら10年やろうって決めて、無理して10年やったんですね。

：無理して10年？

：最後の2年がもう本当にしんどくて……。7、8年目でアニメとか実写映画とかの話がきて、頑張って仕事をしたら燃え尽きちゃって、気持ちが切れちゃったところがあって。最後はかなりしんどかったですね。

：やっぱり実写化やアニメ化っていうのは、その漫画を描いている頂点なんですかね？

：そうですね、やっぱりイベントも増えますし、ちやほやされるんで嬉しいですよ。で、仕事も頑張っちゃったせいで反動が……（笑）

：**燃えつきた、と（笑）**

☆うすた先生の妻・榊《さか》健《きけん》滋《じ》先生の『ラブデスター』最新10巻発売中！

★なぜ大食いがテーマなのか？

：『フードファイタータベル』ですが、大食い番組はよくご覧になられるんですか？

：うーん……そうでもないんですよね。

：**そうでもない!?（笑）**

：大食いって、良くないじゃないですか（笑）僕、どっちかというと世の中には貧しい人達がもっといるんだぞ、みたいな派ですから。

：**そんな派の人が描く漫画じゃない（笑）**

：なんで大食いをテーマに選んだんですか？

：基本的にネタを作りやすそうなシチュエーションを考えるんですよ。『タベル』は、もともと『キン肉マン』の超人みたいなビジュアルのキャラがずらっと並んでいたら面白いかなって発想で始めました。

：なるほど。だからこれ、グルメ漫画じゃないですもんね。完全にギャグ漫画ですもんね。

：**食い方とか汚いですもんね（笑）**

：そうそう（笑）

：食い方がさ、ぱーって口にどんどんチャーハンが入ってきたりして。**あのチャーハンの絵も、別にそんなにうまくない……（笑）と、俺は思いました！　先生、もうちょっと食べ物うまそうに描いてほしいな（笑）**

：それは僕のせいじゃないので、アシスタントに言ってください（笑）

★ベスト3：職業欄が嫌だ

：うすた先生が決めたベスト3のテーマは「漫画家のここが嫌だベスト3」。いや、これどういうことですか？（笑）

：ふふふ。

：まあ、それは辛いこともあるでしょうから。

：そうなんですよね。よく考えたら「ベスト」3でもないですね（笑）

：では、漫画家のここが嫌だ第3位！

：職業欄がいやだ！

：ああ～、名前とか住所とか書くところの！

：そうなんですよ。役所とかの書類を書くときの職業欄、何書いたらいいんだっていう。

：ちなみに何て書いているんですか？

：漫画家って書く場合と、自営業とか……。

：漫画家は嫌なんですか？

：いや、なんですかね、公式の書類に漫画家って……カテゴリにないじゃないですか。

：確かに。

：会社員とか自営業とか丸つける欄にはないですよね。僕らもないです。

：ですよね。しかも子供が生まれると保育園の申請をする時に、何の書類を用意しなきゃいけないとか、調べても出てこないんですよ。

：たしかにそうですね。困るんですよね。

：これは書く時に悩むね。

：俺はもう、自由業って書いちゃってるな。

：俺も芸人とは書かない。タレントとか……。

：俺、自分では芸人とかタレントは絶対書かないですね。だったら漫才師って書きますね。

：**漫才師って書いてんの!?**

：**俺は漫才師って表現が一番かっこいいと思ってるから。**俺、お笑いタレントってダサいと思ってるから言われたくないもん。

：確かに、なんか軽い感じが……。

：**軽い感じしますよね。だったら漫才師って言う。師匠の「師」がつくからいいじゃん！**

：**ABCの「C」ではないんだ。**

：**なんで「MANZAI-C《マンザイシー》」なんだよ！ ボキャブラ天国じゃん（笑）**

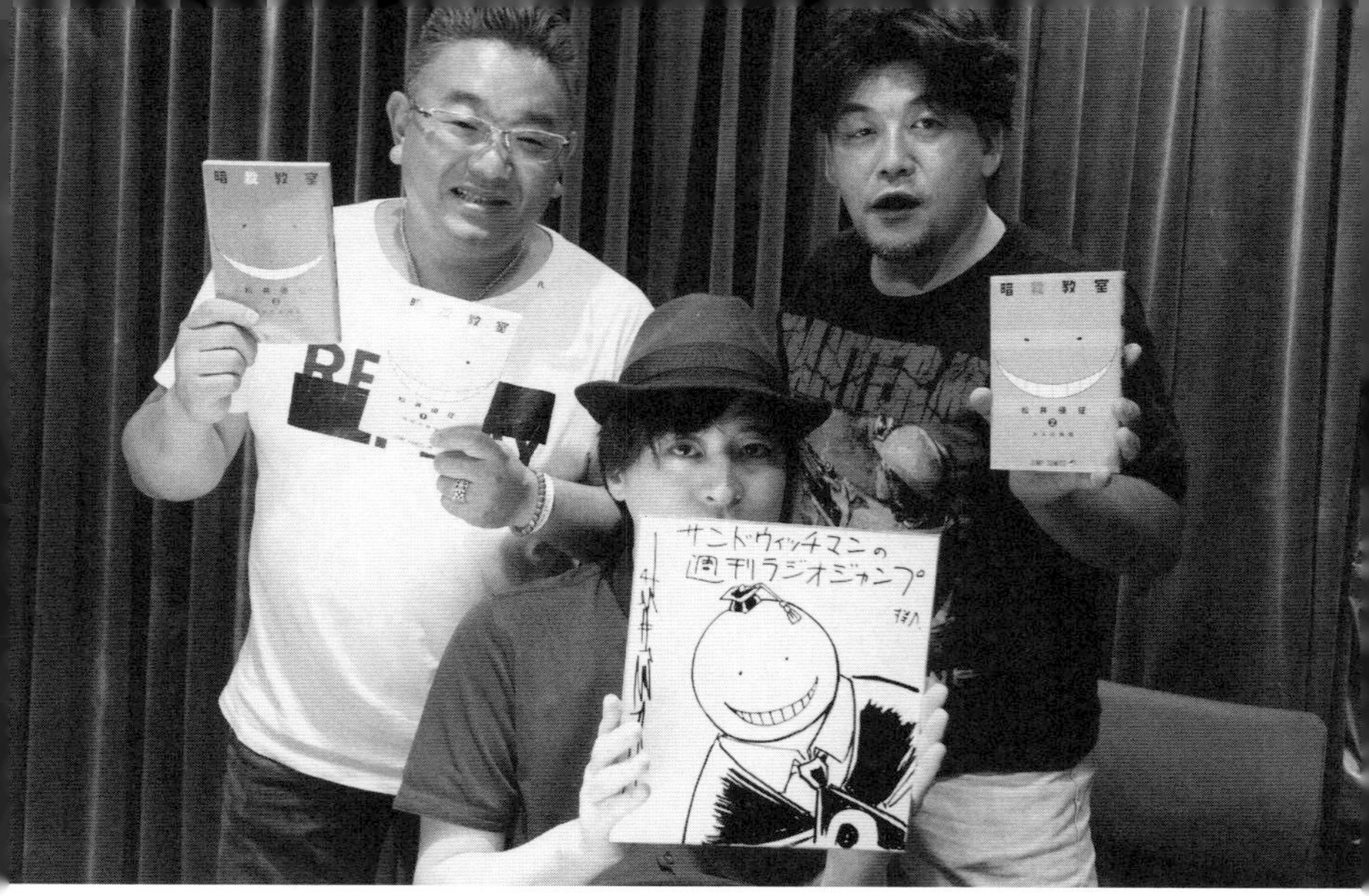

GUEST 05 Yusei Matsui 松井優征

PROFILE 埼玉県生まれ。連載デビューは2005年に始まった『魔人探偵脳噛ネウロ』。2007年にはTVアニメ化もされた。2012年～2016年に連載された超生物殺せんせーと、彼を暗殺する使命を課せられた生徒たちを描く『暗殺教室』が大ヒット。TVアニメや実写映画化、ゲーム化もされた。

『暗殺教室』1巻

2017/8/26 放送
第9回 週刊ラジオジャンプCONTENTS

■サンドウィッチマンも絶賛のイケメンっぷり!
伊達、富澤の2人から「イケメンですね」と言われ恐縮する松井先生。「良い匂いがする」とも!?

■新人漫画賞受賞から連載まで4年かかった!?
2001年にジャンプの新人漫画賞を受賞するも、それから4年間はなかなか芽が出ず……。この間、松井先生は『ボボボーボ・ボーボボ』の澤井啓夫先生の元でアシスタントとして修行を重ねた。

■初連載『魔人探偵脳噛ネウロ』スタート!
2005年、『魔人探偵脳噛ネウロ』の連載が決定! 引っ越しすることになった先生は真っ先に……山にエロ本を捨てに行った!?

■新人はアシスタントに舐められる!?
連載開始当初、編集部からアシスタントを紹介された松井先生。しかし、初連載の新人作家ということであまり言うことを聞いてもらえず、当初はかなり苦労したとのこと。

★矛盾だらけの漫画も必要!? P044に掲載!

■大ヒット作『暗殺教室』誕生秘話
構想時、最初に頭に浮かんだのは生徒たちが「起立!!」の号令とともに殺せんせーに銃口を向ける、第1話の見開き。あのシーンから細かな設定を肉付けしていった。

■殺せんせーのモデルは……!?
松井先生が子どもの頃に抱いていた「勉強を楽しく教えてくれる先生」という理想の教師像と、ドラマ『3年B組金八先生』や『GTO』に登場するキャラを結びつけて作られた。

★メール1:ご両親から反対された? P045に掲載!

■メール2:同世代で意識している漫画家は?
特に居ないが、同世代の漫画家さんよりも1日でも長く連載したいと思っているとのこと。

あなたにとって「週刊少年ジャンプ」とは?

「週刊少年ジャンプ」それ以外の何モノでもない。将来、孫に自慢したいブランドです。

2017/9/2 放送
第10回 週刊ラジオジャンプCONTENTS

■『暗殺教室』は開始当初から手応え抜群!
連載当初からアンケートがかなり好調だった『暗殺教室』。でも先生は油断せず、緊張感を持って連載に当たっていた。

■アンケートでの「3位票」の多さが誇り!?
先生は「3位票」を固定ファンによらない、作品そのものに対する評価として捉えており、その票の多さに誇りを持っている。

■追いかける背中があってこそ!
『暗殺教室』で、ジャンプ人気漫画の背中が垣間見えたという松井先生。目標となる高い壁があってこそ、モチベーションを保てた。

★殺せんせーに教わりたかった? P047に掲載!

■頭空っぽでリフレッシュ中?
朝起きて次にすることは……夜寝ること!? たまにプラモデルを作るくらいで、現在はとにかく何もしない生活を堪能している。

■連載終了直後に日本全国を旅行!
『暗殺教室』連載終了後は、北海道から九州まで日本全国を旅行! 色んな場所で美味しいものを食べ歩いてリフレッシュした!

■次回作は考えすぎないようにしている!?
「週刊少年ジャンプ」では実績があっても次も連載できるかはわからない。先生は今は深く考えず、アイディアが湧くのを待っている。

★ベスト3:意外な形でテレビ取材!? P048に掲載!

■ベスト1~2:長期連載と超短期連載がしたい!?
松井先生が「この先描いてみたい漫画」ベスト3。2位は「延々と終わりの見えない漫画」で、1位は「10週でキレイに終わる漫画」!?

■そろそろ始動!?
次回作について聞かれ「もうそろそろ動かないといけないと考えている」と語った松井先生。

★矛盾だらけの漫画も必要!?

伊達（以下）：松井優征《まついゆうせい》先生は**連載が決まったときには結末まで話を決めている、**ということを何かで聞いたんですが。

松井（以下）：そうですね。僕は第1話を作った時点で、「このキャラでこの始まりならこの終わりしかない」って言うのが、アイディアが出た次の瞬間にはわかるので。あとはそこに向かう線を太くしていくっていうのが、そこからの連載作業ですね。

富澤（以下）：でも**何話で終わるっていうのはわからない**わけですよね？

：そうですね。なので例えば『ネウロ』のときは、1、2、5、7、10、20巻で、それぞれ「**ここまで続くのなら、ここまでやろう**」というのを決めていましたね。

：**偉い！**（拍手）

：やっと出会えたな。**理想的な先生**に。

：漫画家の先生には**こうあって欲しかった**よ。……聞いてますか？　**宮下《みやした》あきら先生！**

：でもですね、昔の作家さんは特にそうなんですけど、**宮下流《アレ》が熱さに結びつく**んですよ。アレでなくては**あの熱さは出ない**んです！

：そういうことなんですかね。それはそれでかっこいい……。ところで先生、1巻で終わるパターンはどんなものだったんですか？

：1巻で終わるっていうのはジャンプではよくある話なんです。なのでそういうときにも備えておかないと。急に終わっちゃうと**読者の皆さんをがっかりさせちゃう**んで。

：どうりで……先生の漫画って辻褄が合うんですよね。

：多分そんなに矛盾はないと思います（笑）

：そうですよね。僕、**矛盾だらけの漫画**に心当たりがありまして……。（：笑）

：いや、それがまた面白いんですって（笑）

：それがツッコミどころだったりしますしね。

：週刊少年誌には独特のカラーがあるんです。作者さえも明日どうなるかわからない……なんてものほど、**読者ものめり込める**んです。

：味ってやつですね。

：だからそういう漫画もまた、あるべきだと思います。

：でも先生は『キン肉マン』とか『魁《さきがけ》!!男塾《おとこじゅく》』なんかとはまったく違う漫画の作り方をされてるんですよね。

：**次の週になったら大きさが全然違う**とか、先週いたキャラが**翌週いなくなる**とか……。

：悪魔超人が攻めてきた！　と思ってページめくったら**ソイツらいなくなってた**とかね。

：あのお尻みたいな頭をしたやつですね（笑）
：プリプリマン《アレ》が良いんですよ！　**しかもアレをそのまま単行本で修正していないとこ**が、また良いんです（笑）
：そうなんですよね……直さないんですよね。
：それがスゴいんです（笑）
：なんで直さないんですかね……。
：でもそういうのも含めて、当時読者として読んでて楽しんでましたしね。
：ああ～。確かにそうですね。

★メール1：ご両親から反対された？

：さて、番組にたくさんのメールを頂いています。ちょっと先生に答えて頂きましょう。

：RN《ラジオネーム》「もろこし男子」さん。松井先生は「**漫**

リクエスト1曲目

実写映画版『暗殺教室』のED曲をチョイス!!
殺せんせーションズ／せんせーションズ

2017年8月26日土 ON AIR!!

画家になりたい」と言ったとき、親御さんや周りの人に**反対されたりしませんでしたか？**またサンドのお2人は「**芸人になりたい**」と言ったとき、**親にぶん殴られたりし**ませんでしたか？

：……**なんでそんなに対応違うんだよ**。ではまず先生からお答えいただきましょう。

：うちは両親ともに音大出というフリースタイル寄りの人種なので**元々理解はあった方**ですね。だから「漫画家になりたい」って言ったときも反対せずにいてくれました。そこは、**いまだにすごく感謝してます**ね。

：じゃあ、「好きなことをしなさい」っていう考え方のご両親だったんですね。

：音楽関係に進もうとは思わなかった？

：**それは絶対イヤでした**ね。上の2人が結構厳しく教えられていたので……。

：上の2人、ということは先生は3番目？

：はい末っ子です。

：ああ、じゃあまぁ……**何やってもね**。

：そうですね（笑）わりと親の目も外れていましたので。

：次男と三男は**適当だから**ね。

：**適当って言っちゃアレだけど**（笑）まぁ長男ほどのプレッシャーはかからないからね。

：お2人は長男なんですか？

：僕、長男なんですよ。

：僕は次男ですね。

：うちは厳しかったですよ。親から「お笑いやるなら、**伊達の名字は外しなさい**」と。家が**仙台の名家**なので。そう言われましたね。

：おお……。

：**僕は何にも言われないっす**（：笑）

：だってお前の親父さんなんか子どもが芸人だって、**しばらく知らなかった**んだろ？

：親父には言ってなかったね。

サンドウィッチマンの 週刊 ラジオジャンプ

リクエスト2曲目

主演声優によるアニメ版最後のED!!
バイバイYESTERDAY／3年E組うた担

2017年
9月2日(土)
ON AIR!!

：親父さん、こいつが**東京で普通に働いてる**と思ってたんですよ。

：なんか母親が言い辛かったみたいで……。俺が「**東京で就職している**」と気を使って嘘をついたらしいです（笑）

：芸人になる前に社会人経験があるってことは1回働いていたのを辞めて……ってことですよね？ それだったら、周囲の反対も強いですよね。

：僕への反対は強かったですよ。**そもそも親のコネで入った会社**でしたからね（笑）

：**名家・伊達の名を使って入ったのに**（笑）

★殺せんせーに教わりたかった？

：漫画読んでると殺せんせーに教わりたかっ

たなーって思うわ。

：教え方上手いですからね。

：俺、感動したのは修学旅行の「**しおり**」だな。殺せんせーが作ったやつ。

：京都で不良にさらわれたときの回ね。

：そう。**どうするかって対処が全部書いてあ**るっていうね。アレ面白かったね。

：そんな先生いないかなって思いますね（笑）

：俺らの高校の先生、適当だったからな……修学旅行のしおりなんかなかったしな。

：教室で**自習しかしない**先生もいたしな（笑）

：高校時代、広島に修学旅行だったんですけど、地元の不良とケンカになって、外出禁止令が出されまして。

：ええっ!?（笑） それはリアルで『ろくで

☆そろそろ発電期間も終了!? 松井優征先生の次回作にこうご期待!!

★ベスト3:: 意外な形でテレビ取材!?

😊:: ゲストの先生に好きなテーマを決めて頂いて発表する「なんでもベスト3」! 松井先生が決めたテーマは「この先描いてみたい漫画ベスト3」。……とは言え、今はボーっとした毎日を送っているということですが（笑）

😊:: 一応言っとかないといけないかなと（笑）何を描くか全く決まってないんですけど。今は頭が空っぽということでしたからね。

😊:: ええ……。でもここで「予定あります!」と言っておけば集英社ににらまれなかったり、編集にせっつかれることもないかなと（笑）

😊:: 『絶対外出するな!』と言われました……。

😊:: なしBLUES』じゃないですか（笑）

😊:: なるほど（笑）では早速、松井先生のこの先描いてみたい漫画ベスト3……第3位!

★おもちゃが売れる漫画! (😊😊:: 笑)

😊:: ……まだお金欲しいですか?

😊:: ハハハハハ（笑）

😊:: でもこれは漫画家さんは思うだろうなぁ。

😊:: 僕らも小さい子どもがいるのでわかります。オモチャ売り場なんか行くと、漫画から派生したオモチャがいっぱい目に付きますもんね。

😊:: ヒーロー系なんかエライことになってますよ。毎週のように新商品が発売されて……。

😊:: 全部買おうと思ったらいくら必要になるかわからないですよね……。

😊:: でも、そういうのが描きたい、と。

😊:: ……まぁ、そうですね（😊😊😊:: 笑）『暗殺教室』でもメディアミックスの一環でいろいろな業界の方とやりとりできてスゴイ楽しかったので。今度は、**オモチャ業界の方々**と一緒になにか作れたらまた面白いものができるんじゃないかなーと。なので、もし**松井優征に「このオモチャを取り扱って欲しい！」みたいなメーカーさんがいましたらぜひ集英社さんの方まで！**（：笑）

：**一体何の告知なんすか（笑）**

：でもこれはわかるなー。子どもたちがオモチャ売り場とかで「コレ買って！」と言ってるのが**自分の漫画から派生したオモチャ**だったりしたら、嬉しいですよね。

：そうなんですよ！　**街中で夢中になって、やってる**のなんか見れたら、絶対嬉しいと思うんです！

：「**東京おもちゃショー**」にも行ったとか？

：はい。何かヒントになるものを探しに。そこで**偶然にもテレビ番組のインタビュー**を受けまして（笑）

：あらあら！

：**フジテレビ**さんで、『暗殺教室』の実写映画なんかでかなりお世話になってたんですけど、**気づかれるわけもなく**（笑）でも、だからって「**次回作のネタ探しに来ました**」とも言い辛く……（：笑）

：向こうは松井先生だとは知らずに？

：はい。なので「**お世話になりました**」とも言い辛くて。そんな状態でインタビューされたもんだから、**しどろもどろ**になってしまいまして（：笑）何にも気の利いたことが言えず……ネタは持ち帰れず、**後悔だけを持ち帰ってしまった**というね……。

：でもそれ「何しに？」とか聞かれても、なかなか言いにくいですよね。

：「**めざましテレビ**」**さんですよ～**（：笑）

：せっかく**ボヤかした**のに……。

GUEST

06 許斐 剛

Takeshi Konomi

『テニスの王子様』1巻

PROFILE 1970年東京都出身。「週刊少年ジャンプ」での連載デビュー作は、1997年にスタートした『COOL　RENTAL BODYGUARD』。その後1999年に連載を開始した『テニスの王子様』が大ヒット。TVアニメ化、舞台化、ゲーム化、映画化もされ、テニス人口の増加にも大きな影響を与える。現在は「ジャンプSQ.」で『新テニスの王子様』を連載中。

2017/9/23 放送

第13回 週刊ラジオジャンプCONTENTS

■ハッピーメディアクリエイター時々漫画家って？

漫画だけでなく様々なメディアを通して作品を楽しんでもらえたらという思いから、こう名乗っている許斐先生。自ら作詞作曲したりライブ活動を行ったりと、漫画家の枠を越えて八面六臂の大活躍！

■20周年に向けて映画作りに励む日々！

『テニスの王子様』劇場版最新作は、監督・脚本と製作総指揮を許斐先生が一手に引き受ける。「夢」の実現に向け、鋭意進行中。

★苦汁を舐めて生きてきた P052に掲載！

■テニスを題材に選んだワケ

テニス・剣道・サッカーなどの経験を持つ許斐先生。連載パーティ時、編集長に「スポーツものも描けます」と宣言したことがきっかけだった。特に幼い頃からやっていたテニスは、空気感やラケットを打つ音など鮮明に記憶に残っていたため、描きやすかったという。

■プロテニス選手が辿り着いた先は「天衣無縫の極み」

どれほど辛いラリーでも、テニスを心から楽しめば到達できる場所がある……そう思って許斐先生が描いたのが「天衣無縫の極み」。漫画を描いた数ヶ月後に、伊達公子選手も同じことをコメントしていたのを聞き、プロが辿り着いた境地と同じものを描けたことが、「この漫画は間違っていなかった」という確信に繋がったという。

★高校時代は軍隊テニス部に所属!! P054に掲載！

■跡部の必殺技『跡部王国』の誕生秘話

関節や筋肉の動きを見ることに長けた整体師は、歩いている人が全て「骨」に見え、曲がっている首や背骨などが気になるという。『跡部王国』はこうした整体師の言葉にヒントを得て生まれた。

■メール1：漫画脳と作詞作曲脳とは違うのか？

同じ、と許斐先生。どんでん返しを作って読者の裏をかくのは、漫画も歌詞も変わらない。ちなみに漫画と歌詞どちらを考えるのが好きかという伊達の質問に、「漫画」と答えるまでは長い間があった。

あなたにとって「週刊少年ジャンプ」とは？

パラダイス。エンタテインメントの色々なものが集結していて、常にワクワクを提供してくれる場所であってほしいです。

2017/9/30 放送

第14回 週刊ラジオジャンプCONTENTS

★直前で原稿4ページ真っ白事件 P055に掲載！

■ベスト3：「締め切りは守るな！」

許斐先生の名言第3位。締め切りを守るに越したことはないが、余力を残して仕上げるのではなく最後までこだわりを持ち、多少時間が遅れても納得のいく作品を作るために悪あがきをしようという意。

■ベスト2：「煮つまるな！」

名言第2位。漫画賞の審査員を担当した際、新人からの「煮つまった時にどうすればいい？」という質問に対しての答え。煮つまってストーリーが出なくなったら引退すると、許斐先生は明言した。

■ベスト1：「まだ誰も通ってない道はないか？」

名言第1位。誰もやったことのないことをやるのが好きという許斐先生。普通に漫画家をやるだけじゃつまらない。漫画家とキャラが一緒にテニスをする写真集、漫画家とVRキャラクターのライブ、膨大なプロフィールが収録されたキャラクターファンブックなど、新境地の開拓は止まるところを知らない。許斐先生は、ただファンが喜んでハッピーになってくれることが嬉しいと感じている。

■世界初！ VRキャラと作者が歌って踊るライブ

リョーマや跡部がVRキャラクターとなり、リアルタイムのモーションキャプチャーによって許斐先生と共に歌って踊る「許斐 剛☆サプライズLIVE～一人テニプリフェスタ～」が2016年6月に開催。作者とVRキャラが歌って踊る世界初、前代未聞のライブの存在を初めて知り、サンドウィッチマンの2人は圧倒されるばかりだった。

★メール2：人生に必要なものは？ P057に掲載！

■『一人テニプリ☆パラダイス』をカラオケ歌って94点！

許斐先生作詞作曲の『一人テニプリ☆パラダイス』は、かなりアップテンポの曲。速すぎて声優さん達も歌うのに苦労したほどだが、許斐先生曰く「壁は高い方が、登った時の爽快感が絶対にある」ので、カラオケでみんなも挑戦してみてくださいとのこと。ちなみに許斐先生がカラオケで叩き出した記録はなんと94点である！

★苦汁を舐めて生きてきた

伊達（以下）：先生、余裕を感じますわ。なんかもう全て、手に入れたみたいな（笑）

富澤（以下）：手のうちにあるって感じがします。

許斐（以下）苦汁《くじゅう》を舐《な》めて生きてきたので。

：**苦汁を舐めてきました!?**

：そんなに舐めていないでしょう？

：違うんです、舐めているんですよ。『テニスの王子様《おうじさま》』を出してからは順風満帆みたいな形に世間には映っていますけど。

：**はい、僕らの目にもそう映っています（笑）**

：かなり不遇な扱いを受けてきているんです。集英社さんから。

：ははは（笑）

：で、なにくそ！　ってなりまして。この集英社！こんちくしょー！　って……。

：**集英社さん、こんちくしょー!!?（笑）**

：それ大丈夫ですか、副調整室《あちら》で聞いていらっしゃると思うんですけど（笑）

：そういう気持ちがずっとあって、自分で新しいことをやっていかないと変えていけないなというのがすごくあったんです。アニメ化の話も、2年目で「ないから！」って編集長に言われましたし。

：えー、言われたんですか！

：こんちくしょー！　とやっぱり思って。それでキャラクターファンブックというものを自分で作って出したら、そのうちにアニメ化が決まったんです。

：自分でアクションかけたってことですか。

：そうです。

：そうだったんですね。先生って、そもそも漫画を描き始めたきっかけは何かあったんですか？　小さい頃から描いてたとか。

…絵を描くことはすごく好きで、絵の道に行きたいなというのはあって。最初はデザイナーになりたくて大学でもインテリアデザインを専攻していたんです。でも監督も脚本も演出もカメラワークも照明も全てができるのが漫画だってことに気づいて。大学3年の時に漫画を描いて集英社に持ち込みに行ったら、1週間でデビューが決まっちゃったんです。

…へえー！ トントン拍子じゃないですか。

…23歳の頃ですけど、「23歳にしては絵が下手だね」って言われて。で、デビューしてそこから数年間、なかなか出られなくて。「あのキャラを超えられないね」とか「もうよそへ行ったほうがいいよ」とも言われ……。

…そこまで！ でも、そこでまた何くそ根性

が出てくるわけだ。

…「君もそろそろ歳だし」って。カチーンときて、机をバーンと叩いて帰ったことも……。

…**あらら……その人は今どう思っているんですかね（笑）**

…どう思っているんでしょうね。

…漫画家の先生って結構、恨みみたいなものを持っていますね。それを糧にしてるという。

…はは（笑）総じて言えますね。やっぱり、新人時代の自分への扱いに対して、「このやろう!!」って気持ちで。

…でもそういう気持ちがある人間じゃないと勝ち残っていけないと思うんですよね。

…ありますね。それ、お笑いもそうですよ。

…まともに見てもらえなかったですねー。

サンドウィッチマンの
週刊ラジオジャンプ

リクエスト1曲目

JUMP SHOPのテーマソングをチョイス！
お宝じゃんジャンJUMP☆〜JUMP SHOPのテーマ〜／許斐剛
2017年9月23日(土)ON AIR!!

：富澤なんかこうしたらって言われても、「僕はそうは思いません」って言うわけ。そんな反抗的な態度だと、そのライブはもう出られませんよね。でも『M《エム》－1《ワン》』優勝した途端に、ゲスト出演の依頼がきましたからね。

：**どっちが正しかったかって話ですよね。**

：聴いてますか＊＊さん。

：**実名はやめなさい（笑）**

★高校時代は軍隊テニス部に所属!!

：先生は高校時代、テニス部だったんですよね。どんなテニス部だったんですか？

：軍隊テニス部。

：ははは（笑）男子校で、テニスの強豪校なんですよね？

：そうですね。全国まで行っていたところでした。顧問が自衛隊出身の少林寺拳法全国2位の方で、裏拳とかがすぐ飛んでくるわけですよ。上下関係も厳しくて「自分はなんとかであります！」って言わなきゃいけなくて、軍隊でしたね。

：そ、そんなに……。

：合宿でも食べる順番が決まっていて、まずは先生が食べるんですよ。それをみんなでお給仕して、並んで見ているんです。先生が食べ終わったら、3年の先輩が食べる。それをみんな、ご飯をついであげたりとかして待つんです。3年生が食べ終わったら今度は2年生が食べて。2年生が食べ終わったら、最後に1年生がようやく食べられるんです。

：**体育会系も甚だしいですねそれ。**

：テニス部なんてチャラいイメージでした。

：当時水とかも飲めなくて。先輩が「冷水を汲《く》んでこい」って言って、冷水を汲みに行って渡すと、目の前で「いるか？」とか言いながら、ざあっと捨てるわけですよ。

：うわあー。

：ちくしょーって。でもそういう体験から、厳しめの部活が出てくる演出も描きやすかったです。体験がものをいったりするので。

：結果的には良かったんですよね。

：良かったと。多少の集英社のいじめなんか、たいしたことないなって。あの頃を思い出せば、集英社なんか大丈夫だって（笑）

：**よく出てきますねえ、集英社に相当、憎悪が！**（笑）僕らも男子校のラグビー部で、高校時代にある程度辛いことを経験しておくと、この世界に入って辛いことは耐えられましたよね。男子校だとモテたくてやるとかそういう意識がまずないわけで。

：**共学にだけは負けねえぞって気持ちでね。**


：女性マネージャーいるチームのやつらには絶対負けねえぞ！　って。**そう言って……、勝った試しがないけど**（笑）

★直前で原稿4ページ真っ白事件

：ここからは許斐《このみ》剛《たけし》先生が体験した漫画みたいな最大の事件を教えていただきます。

：先日の話なんですけど、今デジタルで漫画を描いているんです。ギリギリまで締め切りと戦って、3日寝てないボロボロの状態でようやく上がって。あとはアシスタントが最後仕上げて送るだけの段階になったので、印刷でコピーを出してもらって、それで最終チェックをしていたんですよ。その時、「あれっ」って声が後ろのほうで……。

☆許斐先生が製作総指揮の全く新しい劇場版に、乞うご期待！

：あれ……。

：そしたらアシスタントが保存を失敗して、4枚原稿が真っ白になって消えたという事件が先月ありまして。

：ええっ!?

：近々の事件じゃないですか！　ど、どうしたんですか？

：もう次の日には印刷されて出来上がるぐらいギリギリだったので、それを書き直している時間もない。でも今ここに偶然、チェックのために出したコピーがあったから、それでどうにか対応しようってことで、トーンだけなんとか貼り替えて、印刷所の方にも一生懸命調整していただいて、なんとか綺麗に見せることができました。

：ギリギリセーフ。いやあ、焦りますねえ。

：デジタル歴はまだ浅いんですけど、デジタルこわっ!!って思って。
：途中からそういう書き方にしてる方って一度は絶対やっちゃかもしれませんね。
：アシスタントも顔面蒼白だったでしょう。
：かなり焦ったんじゃないかと（笑）
：しかもみんなピリピリしてるし。**どうしたんですか、そのアシスタントに対しては？**
：いや、怒らなかったですよ。しかたないこと。そういうこともあるので。
：**ええ！　でもそのピリピリ感の中で「仕方ないな、それは」なんてトーンでいけます!?**
：まあ……そうですね（笑）
：**いやぜったい違うわ（笑）**
：本人もわざとやったわけじゃないですから。基本的にアシスタントには怒らないので。

：僕も、携帯でネタを書くのでたまにありますね。変なボタン押しちゃって消えたとか。でも誰も責められないじゃないですか。

：それがさ、もし誰かのせいならどうする？

：……**ぶちぎれますよね。**

：あははは（笑）

：そうならない先生がすごいわ。

★メール2：人生に必要なものは？

：ここで許斐先生に質問メールです。

：RN《ラジオネーム》「すっかり中年じゃん」さん。許斐先生が人生を生きる上で一番必要なものは？

：これは僕も気になりますね。

：10代の、学生の時から言っているんですけど、「華」だと思っています。華のある人生がやっぱり大事かなってすごく思っています。

：それは自分で作り上げるものなんですか、それとも他から見て華があることをやっているなあって思われることですか？

：どっちもでしょうね。自分で華のある人生を生きているなと思えばそれでいいだろうし、それは他人から見てもすごくきらびやかに見えるはずだし。というか、華のない人生はつまらないじゃないですか、なんか。

：確かに。

：だから「ハッピーメディアクリエイター」と言っていますけど、ハッピーを届けているとこっちも楽しくなってくるし、届けられたほうも笑顔になってくれますよね。相乗効果じゃないけど、そういう関係をファンと築けたらいいなとは思っています。

：いや深い。

：深いですねー。**名言出ましたね！**

：華のある人生。

：華のある人生を送りなさいと！　それが一番人生で大事なことですね！

GUEST
07 藤巻忠俊
Tadatoshi Fujimaki

『黒子のバスケ』1巻

『ROBOT×LASERBEAM』1巻

PROFILE 1982年東京都生まれ。「週刊少年ジャンプ」での連載デビュー作は、2009年にスタートした『黒子のバスケ』。この作品がTVアニメや舞台、ゲームなどさまざまなメディアミックス展開が行われる、大ヒット作に。そして「週刊少年ジャンプ」で連載されたゴルフ漫画『ROBOT×LASERBEAM』の単行本が絶賛発売中。

2017/10/7放送

第15回 週刊ラジオジャンプCONTENTS

■持ち込みは記念受験みたいなもの

読み切り作品『黒子のバスケ』で新人漫画賞を受賞した藤巻先生。そこから連載が決定するまでの3年間はずっと試行錯誤していたという。連載ネームを提出したときもダメ元の記念受験のような気持だったので、連載決定後も全然心の準備ができていなかったそうだ。

■『SLAM DUNK』とは違う方向性を模索

影の薄い主人公にピッタリの競技を探してバスケットボールの作品になったという『黒子のバスケ』。同じバスケ漫画である『SLAM DUNK』という大きな壁の存在もあり、リアルな方向性ではなく、必殺技を使うなどハッタリを効かせた作風になっていった。

★『スラムダンク』は常にそばに P060に掲載!

■「キセキの世代」の髪色は彼女のアイディア!

『黒子のバスケ』の中心人物である「キセキの世代」。彼らが名字と同じ髪色になったのは、当時の彼女のアドバイスがきっかけ。なお、その彼女は今の奥様で、現在も作品を厳しく評価しているそう。

■『ROBOT×LASERBEAM』も主人公は新機軸!

その後のWJ連載『ROBOT×LASERBEAM』もこれまでのゴルフ漫画とは差別化を意識。自然相手の競技とあって野生児派の主人公が多い中で、正確さが武器のロボットっぽいキャラクターにした。

■「『黒子のバスケ』作者」がやりにくい?

『黒子のバスケ』開始時は担当編集にも期待されてないような状態から始まったので上がっていくだけだったという。しかし、現在は『黒子のバスケ』を描いた人」という印象を持たれてしまうため、ゼロからの評価を受けられないことはやりにくい一面もある模様。

■ゴルフは大学時代に経験!

ゴルフは藤巻先生も大学時代から嗜んでいるという。現在は多忙でプレーする機会がないそうだが、スコアは100くらいとのこと。

★必殺技の弱点を作者も知らない! P060に掲載!

あなたにとって週刊「少年ジャンプ」とは?

感覚的にすごい異次元。連載している間は目まぐるしくてあっという間。終わったら今度は物足りない。

2017/10/14放送

第16回 週刊ラジオジャンプCONTENTS

■週の平均睡眠時間は4時間!

週刊連載中の藤巻先生は締め切りギリギリまで執筆していることが多いという。自然と睡眠時間が減り、週の平均睡眠時間は4時間程度。ただし、お話を考えるときはしっかり寝ているそうだ。

■栄養ドリンクは嬉しくない

中野編集長の鉄板差し入れである叙々苑の焼肉弁当はもらったことがないとか。栄養ドリンクは担当編集からもらうこともあるそうだが、これ以上の無茶を要求されているようで嬉しくないらしい。

★漫画が描けなくてマジで泣いた!? P062に掲載!

■ベスト3:カッターカチカチ

初代担当S氏との思い出でベスト3を選出。その3位は『黒子のバスケ』連載初期、締め切り間際のこと。原稿を出来次第持っていくため待っていた編集S氏が、無意識にプレッシャーをかけて来たのか、カッターをカチカチといじり始めたという。当時壁に向かって机があった藤巻先生はその姿が見えず、怖い思いをした。

★ベスト2:壁ドン P064に掲載!

■ベスト1:感謝の押し売り

ジャンプ作家は担当編集交代時にお礼の気持ちを色紙にして渡すことが多いという。藤巻先生もS氏が担当を離れるとき色紙を用意したが、引き継ぎのとき「ここまでこれたのはオレのおかげだから、それをずっと忘れないようにな」と言われて気持ちが引っ込み、渡してないまま。藤巻先生曰く「あれは照れ隠しだったのでは」。

■メール1:麻雀漫画は難しい

趣味である麻雀漫画は描かないの? という質問に、麻雀は好きだけど大学時代「カモ」と呼ばれるほど弱く、難しいと感じている。

■メール2:黒子並みにキャラは薄い

自分のキャラはどう思うか、という質問に「薄い」という評価。声優さんとの食事会でも「誰だコイツ?」という空気になったとか。

★『SLAM DUNK』は常にそばに

伊達（以下）：『黒子《くろこ》のバスケ』連載中に、何かこう「『SLAM DUNK《スラムダンク》』読んでみようか」みたいなときはなかったですか？　ちょっとこ似てきちゃってて大丈夫かな、似てはいないと思うけど何かヤダな、寄せてると思ったらっていうのが……。自分の中での確認というか。

藤巻（以下）：そうですね、そういう確認もあるし、『SLAM DUNK』はむしろ常に脇にあったぐらいですね。

富澤（以下）：**えー!?　そうなんですか。**

：『SLAM DUNK』と被《かぶ》っちゃってないかな、っていうのもあるし、やっぱ、単純に絵が上手いとか、そういう参考になるところがあって。絵が上手過ぎてあまり見ると自信をなくすんですけど。

：いやいやいや、オレは藤巻忠俊《ふじまきただとし》先生の漫画、絵、好きですよ。

：ありがとうございます。

：**『SLAM DUNK』にしちゃおうかな、っていうときはなかったんですか？**

：**いやいやいやおかしいだろ。**急に湘北高校《しょうほくこうこう》出てきちゃってあれ？って。**最終的に何か『SLAM DUNK』になってる、最終的にね。**

：いやー、これ大変だよなあ、でも。最終的に流川《るかわ》とかも出てくる、みたいな。

：スゴいな～。でも『SLAM DUNK』が常に横にありながら『黒子のバスケ』を描くっていうのがすばらしいですね。もう教科書じゃないですけど、そのバスケ漫画としては、先生も大好きな漫画であるわけですもんね。

★必殺技の弱点を作者も知らない！

：どのくらい先まで考えてるんですか。

：あー。いや、全然って感じですかね。あんまり考えてない派なんですよね。

：**出た、週刊パターン。**

：実はもう結末はあるんですよ、みたいなことはない？

：『黒子のバスケ』は最初会議に通ると思ってなかったから3話分だけでノープランだったんですよ。連載決まったあたりでジャンプの新年会で稲垣《いながき》理《り》一郎《いちろう》先生とお会いして「キミが藤巻くんか」みたいな感じで「**40話分くらいは最低考えてるんでしょ？**」**とか言ってて**。あの人すごい計算してる人なんで。

：タイプが全然違いますねえ。

：そのとき心の中で「**4話目も考えてない、やべえ**」って。

：でもそのほうがオレは面白いというか、自分でいくらでも変えられますもんね。

：必死にそれでやってって、ある程度方向性見えてきたりはするんですけど。最初は全然考えてない、っていうのが正直なところです。

：でもバスケなんかでも、必殺技とか考えるわけじゃないですか。そのあとどうやって倒すかとかも？　そんなに考えてなかったり？

：そうですね、緑間ってやつが端から端まで（ロングシュートを）決めるんですけど、アシスタントさんたちに「こんなやつどうするんですか？」って言われて。（：笑）で、自分も「**いや、わかんね**」って。

：**どうするんすか、それ**。

：捻《ひね》り出すしかないですね、なんとかこう。

サンドウィッチマンの週刊ラジオジャンプ

リクエスト1曲目

執筆中にヘビロテしていたお気に入りの曲！

新宝島／サカナクション

2017年10月7日土 ON AIR!!

：捻り出すんですか。

：そうですね、そのときに。もう大体『黒子のバスケ』だとライバルがいて、すげー必殺技を出してきてどうする？って言う風になりやすいんですけど、その場ではどうするかこっちも分かってないから。

：**どーするんすか！**

：誰もわからないんだ、じゃあ。最強じゃないですか、その時点で。

：だからこう頭抱えて「**どうしよう、どうすればコイツを倒せるんだ？**」

：せめて破りかたまではセットであんのかなと思ったら。一緒に悩んでるんですか。

：でも言い訳っぽいですけど、そのくらいのほうが多分良いんですよね。「どーすりゃいいんだ？」くらいのほうが。破り方が既にイメージできてると、ちょっと弱いというか。

：先生が追い込まれるだけですからね。

：でもちゃんと破ってきてるわけですから。

：そのプレッシャーに耐えてきてるわけですからね。すごいんです。

★漫画が描けなくてマジで泣いた!?

：さあ、今週のゲスト藤巻先生にですね、漫画家人生における、最大の事件を教えていただきます。それでは先生お願いいたします。

：**漫画が描けなくて、マジで泣いた！**（：笑）

：**いやいや、マジですか**。ええ、漫画家先生に聞いてるんですよ、今？

：マジで泣いたんですか。

：ガチ泣きですね。

：それはいつ頃の、何歳ですか？

：『黒子のバスケ』を描いていたときで、ちょっと何話目とかまではハッキリ覚えてないんですけど、結構序盤のほうでですね。やっぱり週刊連載ってやってると、1週間って限りがあるから、正直もう毎週100点を仕上げるっていうのは、できないんですよ。

：なるほど。

：で、まあ60点が大体雑誌に載せてもいいかな、っていうレベルだとして、60点、どうしても到達できないときがあったんですよ。担当さんにも見せるんですけどOKも出ない。締め切りがあるから描かないと間にあわないっていう時間がどんどん迫ってきて、迫ってくるけどできなくて。で、薄暗い部屋にうずくまって……**そのあと時計がすごい恐いんですよ、カチ、カチと**（：笑）それで結構嗚咽みたいな声出して。

：えええ、ガチ泣きじゃないですか！

：「**ああああああ**」ってこう。

：子供泣いてんのと同じくらいの！

：いい大人がホントに涙流して泣いた日があります。あれはちょっとキツかったなと。

：キツいなそれなー。

：それをやったからってアイディアが出るわけじゃないじゃないですか。

：そうですね、泣いても別にアイディア出ないですからね。

：かわいそうだねえ。でも大人がそんな泣くことないよ？

：泣くまではいかないですけど。

：うーっ、うーっ。ってやつですよね（：笑）ホントの泣きですよね？

：ちょっと人には見せられない感じの。

サンドウィッチマンの週刊ラジオジャンプ

リクエスト2曲目

『黒子のバスケ』最終回執筆時のBGM

ON FIRE／Song Riders

2017年10月14日土 ON AIR!!

★衝撃のゴルフ漫画『ROBOT×LASERBEAM』単行本好評発売中！

…それで出たんですか？　アイディア。

…まあなんとか捻り出して、形にはしたんですけど。

…うわーその回気になるね。何話目だろー？

…そんときの『黒子のバスケ』見たいね。「これかー！」っつって。

★ベスト2：壁ドン

…壁ドン？　いわゆる壁ドン。

…一時流行りましたけどね。

…まあ、その壁ドンじゃないんですけど。結構『黒子のバスケ』のときにですね、口論になったんですよ。

…その編集Sさんと？

…はい。Sさんと「もっとこうしたほうがいい」「でも、こっちはこう思う」っていうので。

その口論がなかなか平行線で、どっちも納得しないっていうのが続いて。そのSさんがつっにキレて「なんでわかんねーんだよ！」って言って「ドン！」って壁を叩いたんです。

…えぇ!?

…で、そこで自分は結構冷めちゃって。「いや、口論してる最中に、最後暴力に出ちゃうの、人としてどうなの？」っていう。

…この、八つ当たりというか。

…そうですね。なので「賃貸なんでやめてもらえますか」って（笑）

…それって例えば「担当変えてもらえませんか？」みたいな……。

…そういうのは、言い争いのレベルではなく、もっとエキサイトしたらなるんで。

…そうなんですか。先生なんかすごい大人しい感じする、声を荒げるようなタイプではないと思うんですけど。

：あー、荒げてって感じじゃないんですけど、でもやっぱ「そこはちょっと引けない」とか「そのアイディアはダサすぎない？」とかはあったりするんで。

：それはプロとして。

：そうですね。

：これのときはどう決着をつけたんですか？

：そういう感じで冷めて「あの、やめてください」って言ったら「じゃあ、ちょっとお互い頭冷やすか」って1回解散になりました。

：その後はどっちの意見が？

：うーん、ちょっとそこまでは覚えてない。

：いや、それは多分先生の意見を通すでしょ、そりゃ編集としては。そんなしゃしゃり出てくる編集いるの？「いや、ここはこういう流れにしてくださいよ」とか言う。

：どうなんですか？

：いや、いますよ、結構。

：いるんすか!?「**お前描けよじゃあ！**」ってなりません？そんな（：笑）あんまりにも言われると。「**お前の漫画か？**」って。

：そこをちゃんと論破するのも仕事っていうか。ただ歯向かうんじゃなくて、「僕はこうだから、その流れはないと思います」とか、ちゃんと言う。向こうも理由を付けて「こうでしょ」って言ってくるんで、壁ドンが起きなければ（：笑）どっちかが納得します。

：今は担当じゃないからほとんど会わない？

：あー、そうですね。連絡先は知ってますけど、話したりは減りましたね。

：たまに飯行きましょうみたいな誘いはしたりするんですか？

：うーん、飯は別に食べたくないですね。**Sさんとは**（：笑）

GUEST

08 平松伸二

Shinji Hiramatsu

PROFILE 1955年岡山県生まれ。「週刊少年ジャンプ」でのデビュー作は、1975年スタートの『ドーベルマン刑事』。悪党を徹底的に叩きつぶす刑事を描いたこの作品は大ヒット。その後『ブラック・エンジェルズ』、『マーダーライセンス牙』が次々とヒット。現在は「グランドジャンプ」で自伝漫画『そしてボクは外道マンになる』連載中。

『ドーベルマン刑事』1巻

2017/10/21放送

第17回　週刊ラジオジャンプCONTENTS

■やってきたのは「外道漫画家」

バイオレンスな作風の平松先生の登場におののくサンド。「外道漫画家の平松です」と自己紹介した先生は優しそうで、2人も安心。

■アットホーム好きのサンドを警戒!?

テレビ番組で『クッキングパパ（うえやまとち）』好きを公言していたサンドに対し、逆にバイオレンスな自分の作風を好まれていないのではと勘繰る平松先生。もちろん、2人はその疑惑を否定した。

■岡山から上京して……吐く！

岡山から上京した平松先生は、『アストロ球団』の中島徳博先生のもとで助っ人稼業。精神的なストレスで吐きながらの仕事だった。

■「道を極めた」編集者は実在したのか!?

『そしてボクは外道マンになる』に登場する、「道を極めた」、「カタギじゃない」と伊達に評された、木刀持ちの編集者。「全部本当のことと思って読んでもらったほうがおもしろい」と先生は語る。

★連載決定！　しかし「いやだなあ」　P068に掲載！

■『ドーベルマン刑事』第1話を振り返って

第1話は人物から背景、4色塗りも2色塗りもすべて1人でこなしたものの、先生の感想は「今から見たら情けないくらいドへたくそ」。

■絵がうまい漫画家といえば？

平松先生がうまいと思うのは、『SLAM DUNK』の井上雄彦先生、『イノサン』の坂本眞一先生を列挙。42年間でもっとも「俺はもう終わりだ」と脅威を感じたのは、『北斗の拳』の原哲夫先生。

★アシスタント・高橋陽一先生　P070に掲載！

■メール1：ちょこっとは熱血

今のジャンプをどう思うか？　という質問に「熱血スポーツものという感じがいい『火ノ丸相撲』が好き」と答える平松先生。中島徳博先生ほどではないが、「僕にもちょこっとは、熱血あります」。

あなたにとって「週刊少年ジャンプ」とは？

少年ジャンプさんに拾ってもらわなければ今の僕はないので、ありがたい、僕にとっては恩人のような雑誌ですね。

2017/10/28放送

第18回　週刊ラジオジャンプCONTENTS

★原作付きの漫画家なんて　P071に掲載！

■編集から褒められることはない？

『ドーベルマン刑事』をやっている間、褒めてもらったような記憶はあるものの、具体的に覚えているのはけなされたことばかりとか。

■現在の若い担当編集者との気になる関係

「編集との関係がうまくいっているときはダメ」という平松先生の持論。現在の若い担当編集者との関係は良好なので「編集との関係を悪くしたほうがいいのかな」という先生に「こちらから仕掛けるしかないですかね」とハッパをかける伊達、一同は大爆笑。

■飲む、打つ、買うはナシ！

体質的に合わないためお酒は飲めない、「漫画がウケるかどうかが最高のギャンブル」なため他人のするギャンブルはやらない、近所でも評判の仲良し夫婦を両親に持っていたため結婚生活こそ幸せと感じて女遊びはしないという「外道マン」らしからぬ側面を告白。

★ベスト1～3：意思疎通が……　P072に掲載！

■嫌いなものは山菜とキノコ類。なのに……

好きなものは寿司、嫌いなものは山育ちなのに山菜とキノコ類という平松先生。ある日、アシスタントに「おいしそうな弁当を」と買いに行かせたところが、よりによって山菜弁当！

■メール2：第2の人生は公務員？

人生がもう一度あったら何の職業に？　という質問。「怒りの感情をぶつけないですむ仕事に就きたい」と公務員を選択。漫画は趣味で描き、新人賞の賞金で小遣い稼ぎ、連載の話は「断りますね」と。

■悪い心の部分が答えた「ジャンプとは？」

週刊少年ジャンプ創刊50周年展のパンフレットでは「あなたにとってジャンプとは？」の質問に、「僕をド外道漫画家にしたド外道雑誌」と答えていた平松先生。これは悪い心の答えで、サンドウィッチマンの人柄に触れた良い心が答えたのが上記なのだ。

★連載決定！ しかし「いやだなあ」

伊達（以下）：突然ですがこのコーナー「漫画家の漫画みたいな大事件！」。平松伸二《ひらまつしんじ》先生に漫画家人生における最大の事件をいくつかお教えいただきたいと思います。

平松（以下）：中島徳博《なかじまのりひろ》先生が入院して『アストロ球団』は休載になったんですけど、それとは別に、「月刊少年ジャンプ」で読み切りの仕事が入っていたんで、それは代原※がないから、誰かほかの人間にやらせるしかない。そこで、なぜか僕が指名を受けて中島先生の病室へ行って、大まかなストーリーを聞いて40ページの読み切りを描くということに。

富澤（以下）：要するに代筆ですね。

：締め切りまでに10日くらいしかなかったんですよ。自分じゃなく中島先生が考えた話なので、なかなかその世界に入っていけなかった。中島先生はすごい熱血の人で、僕はそんなに熱血じゃないんですよ（：笑）中島先生のお家でネームから始めたんですけど、そのネームがなかなかできなくて。締め切りに追われて漫画を描くというのが初めての経験だったので、あのときほど脂汗をかいたことはないですよね。ほんとに怖かった。隣の部屋のふすまの向こうでは、中島さんの奥さんとお子さんが寝ている。何回ふすま開けてケツまくろうかと。

：何がきっかけで進められたんですか。

：やっぱり締め切りの恐怖でしょうね、もう。なんとかしなきゃいけないという。

：さらにやりたくねえなあと。

：**やりたくないですねえ**（：笑）

：あのとき、ふすまを開けてたら。

：開けて、中島先生の奥さんの布団に潜り込んだらダメだったでしょうね（：笑）

※代原：空いたページに載せる漫画

：別の意味でダメです。

：意味がわからない。

：その代筆仕事を振ってきた編集者から、いきなり『ドーベルマン刑事《デカ》』の連載の決定を言われたと。どんな気持ちでしたか。

：まずいことになったなあと。「俺、連載ですか?」と。

：そうなるために上京して来たのに。

：中島先生の仕事を手伝っている時に、絵に関していえば僕よりうまい人はいっぱいいるんですよ。アシスタントの人でも。人物はとりあえず置いておいて、背景とか。

：原作が、『北斗《ほくと》の拳《けん》』でおなじみの武論尊《ぶろんそん》先生。

：どうなんですか、初めて『ドーベルマン刑事』の原作を読んだ時というのは。

：すごくよくできた原作で、面白いと思いましたよ。描きたいとも思ったけど、週刊はいやだ（：笑）

：**まだそんなこと言ってるんですか。**

：でも、漫画家さんの目標は連載なわけですよね。今までいろんな漫画家先生が来られましたけど、連載いやだなあというのはあまりいなかった。先生、初めてですよ。

：おかしいなあ。

：やってみたら大変だなあというのはありましたけど。

：僕、**漫画描くのが好きな人って、『こち亀』の秋本治《あきもとおさむ》先生くらいしか知りません**よ。みんな嫌いだと思いますよ。

サンドウィッチマンの週刊ラジオジャンプ

リクエスト1曲目

ミュージックビデオ好きな先生が推す映像美

アンチェイン・マイ・ハート／ジョー・コッカー

2017年10月21日土 ON AIR!!

：『そしてボクは外道マンになる』にそのワンシーンがありますけどね。「連載は決定したんだ！　今さら後戻りはできねえんだよ！　ぬるいこと言ってんじゃねえぞ、このクソガキぁ〜」「ひぃぃ」ってなってますもんね。

：**これ見たら漫画家になる人いなくなりますよ**。

★アシスタント・高橋陽一先生

：平松先生のアシスタントに、『キャプテン翼《つばさ》』の高橋陽一《たかはしよういち》先生がいらっしゃいましたよね。やっぱり、高橋先生はすごい方でしたか。

：いや、あのですね……（笑）これ、ダメでしたらカットしてくださいよ。高橋先生も飛び抜けて絵がうまいというわけじゃない。ただサッカーの試合の躍動感とか、すごくいいネームがあって。「ボールは友だち」っていう。僕の外道な発想からは全然出てこない（

：笑）すごく純粋なサッカー少年の心から出てくる言葉みたいな。僕が少年ジャンプの新人漫画賞の審査員をしているときに、高橋先生が『キャプテン翼』の原型となるような読み切りで応募して、そこに「ボールは友だち」と。これはいいセリフだなと。

：確かに、**平松先生のもとで教わってない雰囲気は出てますよね**（：笑）

：いやいや、僕のところで最初から教わっていたら、「**このボールであいつを蹴り殺してやる**」とか（笑）

：『キャプテン翼』はドーンと人気が出たじゃないですか。あれはなんとなく、先生も認めるというか。

：認めるも何も、完璧に僕を追い抜いてるじゃないですか、この野郎は（：笑）

：こっちで一生懸命暗いマンガ描いてるのに、この野郎は（：笑）

：この野郎ってのは冗談で、アニメになって、全世界的にヒットして……嫉妬が多少はあったんでしょうけど、僕の漫画とはまったく別モンなんで、「ああ、すげーな！」って感心してました。

：今でもお付き合いあります？

：あります。

：そういうのを見て、逆に自分も爽やかなやつ描こうかなとか思わないですか。

：俺が今さら爽やかなやつって（：笑）

1回脱いだ女優がまた清純派に戻ろうったって、そんなの世間が許さない！

★原作付きの漫画家なんて

：『ドーベルマン刑事《デカ》』は原作付きでしたね。

『ブラック・エンジェルズ』は、平松先生がお話と作画の両方をやられてるんですよね。

：『ドーベルマン刑事』のあとの『リッキー台風《タイフーン》』の連載前から、担当の編集者に「原作付きの漫画を描いてる限りお前のことは認めない！」、「**漫画家というのは自分で話も考えて、自分で絵も描くのが漫画家で、今のお前は単なるド下手な絵描きだ！**」と言われて。

：そんなこと言われます？　ひどいなあ。

：『外道マン』に出てきますけどね。

：先週の放送で、やる気のスイッチが入らないみたいなこと言ったんですけど、そのあたりからかもしれませんね、僕の反骨心に火が付いて「わかったよ、じゃあ認めさせてやるよ！」ってなったのは。

☆平松先生の自伝漫画『そしてボクは外道マンになる』最新3巻発売中！

😊…これまでたくさんの漫画家の先生が来られてますけど、皆さん共通しているのは編集に対して怒り狂っているところ（😊😊…笑）

😊…そういう育て方なんですかね。「週刊少年ジャンプ」は。

😊…そしてこの『外道マン』にも、編集の方が鬼のような顔で「原作付きの漫画を描いてる限り、オレは絶対にオメェを漫画家として認めねぇ〜」。

😊…**でも、原作付きの漫画を連載するかどうかは、この編集者が決めてるんじゃないんですかね？**（😊😊…笑）

😊…そんなこと言ったらね、『巨人の星』だって（😊😊…笑）ちょっとまずいかなあと思って『あしたのジョー』だって原作付きじゃないですか。俺がその当時、もっと弁がたてば、そう言って反論してますよ。

😊…編集者の方にそういうこと言われるほうが、熱は入るんですか。

😊…ほかの漫画家さんをライバル視するといったって、ほとんど会わないわけですよ。実際に会う編集さんに対するいろんなマイナスの感情が、「てめーこのやろー！」という、それが一番のエネルギーになってる気がします。

★ベスト1〜3：意思疎通が……

😊…なんでもベスト3のテーマは「アシスタントと意思疎通ができなかったベスト3」！

😊…ほんとはね、「集英社、ジャンプに受けた仕打ちベスト3」にしようかと思ったんだけど（😊😊…笑）ちょっとまずいかなあと思って。これ全部『ドーベルマン刑事』のころのエピソードだと思うんですけど。

：第3位は？

：**「豪華な朝食のはずだったのに」**。『ドーベルマン刑事』に悪徳大物政治家みたいなものが登場して、アシスタントに「豪華な朝食を描いて」と頼んだら、**「さんま」を描きやがって**（：笑）僕のイメージとして、ステーキだとかフルーツ盛り合わせだとか、すごく金のかかった朝食のイメージしてたんですよ。「朝から豪華な食事」を具体的に言わなかった。そうしたら「さんま」。僕とアシスタントのイメージが多分違うんでしょうね。だからアシスタントには具体的に言わなきゃダメなんだなと、この時に学びました。

：第2位は？

：**「かわいいポスターのはずだったのに」**。『ドーベルマン刑事』に沙樹ちゃんという婦警を出したんですよ。かわいらしい女の子で、特犯課の部屋のイメージも、かわいいポスターとか貼ってキャピキャピの女の子の部屋みたいな感じの部屋にしようというので、「かわいいポスターの絵を描いて」って言ったんですよ。そうしたら、何だか知らないけど**リアルな鶏の絵を**（：笑）一瞬、目が点になりましたよ。「なにこれ」って。

：それは採用したんですか。

：それはもちろんダメでしたけど。

：第1位は？

：**「焼きそばパンを頼んだのに」**。徹夜で仕事してておなかがすくので、アシスタントにいろいろ頼むじゃないですか。僕は焼きそばパンを頼んだんですよ。戻ってきたら、**カップ焼きそばと食パンを買ってきた**んですよ（：笑）焼きそばパンというものを知らなかったんでしょうね、多分ね。

：先生、嫌われてるんじゃないですか？

：嫌われてるのかも（笑）

GUEST
09 Tite Kubo 久保帯人

『BLEACH』1巻

PROFILE 1977年広島県生まれ。「週刊少年ジャンプ」での連載デビュー作は1999年開始の『ZONBIEPOWDER.』。その後2001年から連載した『BLEACH』が大ヒットした。2005年に第50回小学館漫画賞を受賞。TVアニメ化の他、劇場版も制作され、単行本74巻、2016年まで続く長期連載となった。さらに、2018年には実写映画版も公開された。

2017/11/4放送　**第19回　週刊ラジオジャンプCONTENTS**

★六本木に住んでいる！ P076に掲載！

■漫画家の道へと続く門を叩く

高3の進路相談で漫画家になりたいという意思表示をして自分を追い込んだ久保先生。「週刊少年ジャンプ」の月例賞に投稿した結果、年末に担当編集がついて、順調なスタートを切った！

■ジャンプ作家のエリート街道

久保先生のデビューはジャンプ増刊号。その時の新人トップが尾田栄一郎先生で、久保先生は2番手だった。新連載を勝ち取ったものの、当時編集長だった鳥嶋氏に強烈なダメ出しをされてしまう。

■代表作『BLEACH』の誕生秘話

初連載終了から、わずか1年で『BLEACH』の連載がスタート！『BLEACH』誕生のきっかけは、ルキアのキャラクターデザインで、ルキアが鎌を持っていたから死神の漫画になった！

★結末が先か？　締め切りが先か？ P077に掲載！

■2代目担当は現編集長の中野氏！

中野編集長は、久保先生の2代目担当だった。久保先生には優しかった中野だが、同じく担当だった松井先生には厳しかったらしい。

■遅かった？『BLEACH』アニメ化！

同時期のジャンプ連載作品に比べて、アニメ化が遅かったのでは？という『BLEACH』。久保先生は、原作とアニメが乖離して読者をがっかりさせないように、台本でセリフをチェックしていた。

■連載を長く続けられたワケ

15年に渡る連載中もネタに詰まった事はない『BLEACH』。常に次の展開を考えながら描いていたので、締め切りも守りきった。

■メール1：自分の作品に感動する？

漫画を描きながら感動する？　という質問に、鳥肌が立つ事はあるという久保先生。それぐらいでないと読者に届かないという持論も。

あなたにとって「週刊少年ジャンプ」とは？

憧れの秘密基地。ずっと好きだったところに、ようやく来れて、ずっと楽しく仕事させていただいています。

2017/11/11放送　**第20回　週刊ラジオジャンプCONTENTS**

■何もしていない近況

『BLEACH』の長期連載が終わった後は、休みっぱなしの久保先生。編集部から新作の催促はあるが、次回作の構想もないという。

■久保流仕事術

キャラクターを産み出すのが苦にならないという久保先生は、海外のテレビ番組を流しっぱなしにして、気の向くままにスケッチをしていたらしい。また、絵を描く時はシーンに合わせてBGMを選んで、バトル用、感傷的などのプレイリストを作っているそう。

■『BLEACH』のこだわりポイント

久保先生は、バトル漫画のキャラクターが、ずっと同じ服を着ている事を疑問に思っていた。そこでオシャレな私服を着せる事に。漫画制作は完全アナログ派で、紙に絵を描く感触が好きだとのこと。

★ハリウッド版『BLEACH』って!? P078に掲載！

■気になる実写映画の出来は？

原作の事を考えて作られているという実写版『BLEACH』。最初にキャスティングの候補が来て、原作のイメージと違う人は変える事もあるが、黒崎一護役の福士蒼汰さんについては、久保先生もいいキャスティングの太鼓判を押す！

■メール2：同業者飲み会の様子！

漫画家が集まる飲み会でどんな話をする？　という質問。その場にいない先生の連載中の作品に対して、リスペクトありきで作家それぞれの「自分ならこうする」を気楽に語るのが楽しいという。

★メール3：うすた先生と仲良し？ P080に掲載！

■メール4：ネタ出しの作法とは

ネタはどこで考えていますか？　という質問に、特別な場所はないという久保先生。ファミレスで考える先生も多いが、人がいる場所が嫌いな久保先生は、自宅のリビングや仕事場など、1人になれる場所でネタを考えるそう。カラオケで電話が鳴るのすらも嫌だとか。

★六本木に住んでいる！

伊達（以下）：今週のゲストは『BLEACH《ブリーチ》』の作者、久保帯人《くぼたいと》先生です！

富澤（以下）：**やっぱ儲かってるんですか？**

：**早いわ。早いわ（笑）**

久保（以下）：まぁまぁ儲かってますよ。

：漫画家っていうのは儲かるんだねぇ〜。

：夢があるねぇ〜。

：本当にすごいって思いますよ。74巻も出てるわけですから……そらもう！　久保先生、今日はTBS《ティービーエス》まで何で来たんですか？

：僕は歩きですね。

：歩いて!?　……という事はですよ、赤坂の近くに住んでいる。そういう事ですか？

：あっ六本木に住んでいます。

：**六本木に住んでいる!!**

：成功者ですよ。

：聞いたことが無いですよ、六本木に住んでるとか。すごいですねぇ……、相当前から、そこに住んでらっしゃる。

：何年ぐらいですか？

：10年前かな？

：10年前から六本木に……。

：**住んでいる!!**

：成功者が目の前にいます（笑）

：ところで先生、我々の事はご存知ですか？

：大好きです！

：本当ですか!?

：嫁さんも好きで、2人で喜びました。本当は嫁さんも来たかったんですけどね。

：いや連れてきてくださいよ、奥さん!!

：今、体調崩しちゃってるんですよ……。

：あらぁ〜じゃあ我々が行くべきでしたね!!

：いえいえ、そんなとんでもないです！

：よろしくお伝えください奥様にも。

：はい、伝えておきます。

：その奥さんも、六本木に！

：**住んでいる!!**

：そらそうだ……**止めなさいこの合わせ技。**

：はっはっはっは（笑）

：あと住んでる地区を言うな！

：**お前が言ったんじゃねぇか！**

★結末が先か？　締め切りが先か？

：連載を始めた時点で『BLEACH』の結末は考えてあったんですか？

：結末は決めていました。僕の場合は先に描きたいシーンがあって、その間をつないでいくような描き方なんです。だから最終的にここで終わるっていうのは決めてありました。

：その結末は15年間変わってないんですか？

：そうですね。打ち切られても飛ばせる形で考えていたので、最初から変わっていません。

：はぁ～結末はこれって決めて！

：そうですね。

：へぇ～！　**先生によっては、翌週の事すら考えてない人もいると……。**

：この番組の初回ですよね！（：笑）

：初回のことなのか、ちょっとわからないですけども（笑）

：聴きました。最高でした！

：あの描き方は考えられないですか？

：僕も描きたいシーンと描きたいシーンの間の部分はそんなに考えずに描いてるんですけど、全部考えないのは無理ですね。

サンドウィッチマンの週刊ラジオジャンプ

リクエスト1曲目

アニメ版最終回のエンディングをチョイス！

MASK／Aqua Timez

2017年11月4日土 ON AIR!!

：全部考えずに描くと…つまり**ああいう漫画になると**（：笑）

：**ああいう漫画とか言うなお前。**

：**急に人の大きさが変わったりするわけですよ。**矛盾も、後に楽しくなりますけどね。

：確かに後に面白いんですけどね。

：あれはあれで最高の漫画なんで。

：う〜ん、なるほど。**先生によって全然違うから面白い**ですね。

★ハリウッド版『BLEACH』って!?

：ここで恒例のコーナーにいきましょう。久保先生には、ここだけの話を用意していただきました。発表してください！

：久保帯人先生のここだけの話！　**ハリウッド版の打ち合わせでボツボツボーツ！**

：実は1回ハリウッド版を作りかけたんです。

：作りかけていいた！

：はい。監督候補も決まっていて、主演したいという俳優さんと日本でお会いしたりして、けっこう進んでたんですよ。その俳優さんが、一護のイラストを描いてくださったり。でも、どうにも脚本がまとまらなかった。原作と全然違う脚本があがってくるんですよ。

：何でそんなに違っちゃうんですか？「この漫画面白い！」から始まった話のはずじゃないですか。

：脚本が、向こうのオーソドックスなハイスクールものに寄っちゃうんですよね。

：なぜそんな事に？

：向こうは映画にかかる金額がすごく大きいので、スポンサーの力が強いんです。それで、ある程度回収できる形を求められるので、スタンダードな形に寄りがちなんですね。結局のところ『BLEACH』でやらなくてもいいんじゃないか、と感じてしまいました。

：その時の気持ちはどうなんですか。もっと妥協した方が良かったなとか。

：いやー妥協してやっても。

：だって、ハリウッド版ですよ。

：**でも『DRAGON《ドラゴン》 BALL《ボール》』の例もあるので。**

：**あー、言っちゃった**（：笑）

：でもお金にはなるんでしょう、きっと。

：どうでしょうね。

：そりゃあ、原作に沿ったいいものができるなら、やりたいですよね？

：そうですね。やっぱりそこが大きいです。ハリウッド版といっても、読者の反応が気になるじゃないですか。今まで応援してくれたファンがどう思うかが、一番気になります。

：先生はそこをすごく大事にされてますよね。

：はい。ファンがいてくれて、今があるので。

：『BLEACH』全巻を持っているようなファンを大事にしないといけないですよね。

：そう思ってますね。

：僕らのネタを外国の方がコピーしますってなって、全然違うのができたら（笑）

：**宅配ピザのネタを、寿司にしたいんですけどって。その方が日本的だと思うんですけど。**

：でもピザだからこそ、このやりとりだし。

：**そこをお寿司にしないとスポンサー的に厳しいんですよね。いいですか？**

：はい。

：**お前はすげえ妥協してんじゃねえか。どんだけ金欲しいんだよ。**

☆イラスト集と新作読み切りで再始動中の久保先生！　応援よろしく!!

★メール３：うすた先生と仲良し!?

：さて、RN《ラジオネーム》「おもちちゃん」さんから。久保先生は『すごいよ!!マサルさん』のうすた先生と仲が良いと聞いたのですが、どういうきっかけで仲良くなったのですか？

：僕は仲良いと思ってるんですが、うすた先生は新居に１回も呼んでくれないので、仲良くないかも……。

：いやいや、そんな事ないですよ。

：もともとは、僕がうすた先生のファンだったんです。

：えー！　意外。

：僕が「週刊少年ジャンプ」に投稿してた頃は、みんなが『るろうに剣心《けんしん》』と『すごいよ!!マサルさん』を読んでる時代で、「週刊少年ジャンプ」に投稿したのも『すごいよ!!マサルさん』が載っていたのが理由なんです。だから、お会いしたときにファンですって伝えて、そこから仲良くしていただいてます。

：うすた先生も嬉しいですよね、それは。

：パーティとかで知り合うんですか？

：「週刊少年ジャンプ」の新年会があって、そこで初めてお会いして。

：緊張しますよね、好きな先生に会うのは。

：そうですね。初めての新年会では挨拶しなかったんですけど（：笑）

：なんで挨拶しなかったんですか（笑）

：『ZONBIEPOWDER.《ゾンビパウダー》』の時にも新年会があって、普通は新人作家が先輩作家に挨拶するんですけど、僕は「行きません」って言って、ずっと別室にいたんです。

：どうして行かなかったんですか？

：**最初に頭を下げたら、全員の下になってしまう、と思ったんです**（：笑）

：**それはおかしいぞ。なんでそうなるのかな？**

：**いや、絶対に頭下げないぞ、と**

：**これやばいぞ。闇どころか漆黒の闇だよ。**

（：笑）

：頭下げたら負けだぞ、と。

：そのお陰で先輩作家さんは、誰とも仲良くなってないです。

：1回頭下げてもいいと思いますけどね。

：挨拶ですからね。

：これは自己紹介ですからね。漫画家歴も上の先輩に、初めましてよろしくお願いしますっていうのは、普通の挨拶だから。

：今となっては、自己紹介ぐらいしておけば良かったと思うんですけど。

：絶対そうですよ（笑）

：どうですか、今の立場になって、新人が頭下げないって言ってたら。

：**こいつ絶対売れないぞって思いますね**（笑）

：**そういうところで確執が生まれるんですよ。あいつ挨拶来ねえなって。**

：**オレ、久保先生には絶対挨拶しねぇし。ほんとマジで。ただ、オレ、『BLEACH』読んでこの世界入りましたけど。挨拶したら負けなんで、挨拶しないですけど。**

：**引っ叩《ぱた》かれるぞ。**

：よく引っ叩《ぱた》かれなかったなー。

：本当ですよ（笑）

GUEST

10 にわのまこと

Makoto Niwano

『THE MOMOTAROH』1巻

PROFILE 1964年鹿児島県生まれ。「週刊少年ジャンプ」での連載デビュー作は、1987年スタートの『THE MOMOTAROH』。その後1995年に連載がスタートした格闘漫画『陣内流柔術武闘伝 真島クンすっとばす!!』などがヒット、現在まで青年誌、児童誌、同人誌、ゲームのイラストなど、幅広い活動をしている。

2017/11/18放送

第21回 週刊ラジオジャンプCONTENTS

■赤塚賞に佳作入選

中学生の時には、ペンで描くことこそなかったが、絵が好きでなんとなく将来は漫画家と思っていた、にわの先生。17歳でギャグ漫画家の登竜門・赤塚賞に佳作入選を果たす。その受賞パーティーで、人々を寄せつけない異様なオーラを放ち、三つ揃えをパリッと着こなす坊主頭の大男、梶原一騎先生を見かける。梶原先生に一瞬にらまれ、会話どころではなかったものの、速攻でサインをもらいに行った！

■23歳までの空白期間

高校生で入選を果たしたものの、部活の柔道や遊びで漫画が進まない。高校卒業後に漫画家になる予定だったものの、プロで通用する絵ではないことを実感したにわの先生は、鹿児島を出て博多のデザイナー学院へ通い、グラフィックデザインを2年間学ぶ。そこを卒業してからは、バイトをしながら漫画の投稿を続けていたという。

★名物編集者・茨木氏との出会い P084に掲載！

■ビクビクしっぱなしの連載決定！

折よく空いたギャグ枠でWJ連載デビュー。「僕でいいの？」と当時の心境を語る先生に、伊達も「話を聞いてると、本当ににわの先生でいいのかという気分になる」と、謙虚さに突っ込む。第1話のカラー原稿は、経験不足から「あんまりきれいじゃない」出来に。

★ベスト2〜3：ショックだったひと言 P085に掲載！

■ベスト1：すいません、今回ダメでした

連載ネームが通らなかった際の担当の言葉。同じく通らなかった別の女性作家には、号泣して謝罪したのに！　扱いの差に驚いた。

■女性の描きかたは連載後に練習！

伊達が「かわいいしセクシー」と絶賛する、にわの先生が描く女の子。「女性を描くのは難しいのでは？」という富澤の疑問に、「難しい」と即答するにわのまこと先生。そもそも、連載が始まるまで女の子を描いたことがなかったそうだ。連載が決まってから、急いで女の子の描き方を一生懸命に練習したとのこと。

あなたにとって「週刊少年ジャンプ」とは？

厳しい「学校」でしたね。虎の穴みたいな。生存競争が激しくて。生き残るすべを得るために他人の技術を盗んだりとか。

2017/11/25放送

第22回 週刊ラジオジャンプCONTENTS

★野球はホークスだがプレイ経験は？ P086に掲載！

★リングネームは「薩摩隼人」！ P087に掲載！

■「新日派」は少数派

連載当時交流のあった『キン肉マン』のゆでたまご先生とプロレス談義に花を咲かせたのかと思いきや、新日派だったにわの先生と森田まさのり先生に対して、編集部も漫画家も全日本プロレスファンの全日派が圧倒的に多く、あまりプロレス話はできなかった。

■漫画の技は「逆回転」から

漫画に登場するオリジナル技は、叩きつけたインパクトの瞬間や、極まったら痛そうな関節技から考えて、フィルムの逆回しのようにイメージしていくのがにわの流だという。学生プロレス経験者ならではの発想に、伊達もプロレスに対する熱意を強く感じ取った。

■にわの先生は「宮下先生」タイプ？

物語は終わりのほうまで考えて作らないというにわの先生。ラストに向かってキャラクターが縮こまるし、世界観も小さくなるから…とのこと。そんなにわの先生を「宮下先生」タイプと評するサンド。『THE MOMOTAROH』ではギャグをマシンガンのように突っ込んでいけばどこかに引っかかるだろうと考えていた。

★命を削るギャグ漫画 P088に掲載！

■メール2：好きな女性のタイプはブル中野!?

女性を描くのに参考にしているモデルや資料は？　という質問に、「エロ本」とぶっちゃけトーク。好きな女性のタイプを聞かれても「テレビから遠ざかっているので」と答えられない先生に代わり、女子プロレスラーのブル中野氏、コンドル斉藤氏を推すサンド。

■「哀川チョウ」登場に先生歓喜！

放送の最後にサンドウィッチマンのコントが大好きとカミングアウトしたにわの先生。特に伊達が演じる「哀川チョウ」のキャラクターが好きだと告げると、感激した伊達が哀川口調でサービス！

★名物編集者・茨木氏との出会い

伊達（以下）：後に編集長にもなるジャンプの名物編集者・茨木《いばらき》さんと連載前に出会ったんですよね。どんな感じなんですか？

にわの（以下）：5月1日の誕生日に、茨木さんから電話がかかってきて「この間送ってきた『THE《ザ》 MOMOTAROH《モモタロウ》』って作品、俺が赤塚賞に回しておくから」と。さらに「これから東京へ出てきてお茶しながらお話ししましょう」と言われて舞い上がりましたね。茨木さんは『シェイプアップ乱《らん》』とか『ついでにとんちんかん』とかにしょっちゅう出ていましたから。

富澤（以下）：「**遊びにおいでよ**」**って言われたんですか**（：笑）

：「編集部に来て生の原稿見てみる？」と。「誰の原稿見たい？」って言われて北条司《ほうじょうつかさ》先生や原哲夫《はらてつお》先生とかの生原稿をバンバンと見せられて。目ん玉飛び出ましたね。あまりにもハイクオリティーな絵で。「これはアカン」と思いました。**こんな人たちと同じ土俵に立とうなんておこがましいと**（：笑）

：その茨木さんのお誘いで、ゆでたまご先生のお仕事をお手伝いしたこともあると。

：ひと晩だけ。当時のフレッシュジャンプの担当さんが、茨木さんに「追い込みだからスタッフ余ってない？」と聞かれて「ちょうど出てきたからこいつでいいよ」って（笑）茨木さんに「ちょっとゆでたまご先生のところに行ってみる？」と言われて「えっ僕ですか？」って。ちょうど『闘将《たたかえ》!!拉麺男《ラーメンマン》』のころですよ。「じゃあ、ちょっとお勉強に」と。

：じゃあ、**にわの先生が描いたものが『闘将!!拉麺男』のどこかにあるんですか**。気になりますね（：笑）

サンドウィッチマンの週刊ラジオジャンプ

★ベスト2〜3：ショックだったひと言

：「なんでもベスト3」のテーマは、「担当から言われてショックだったひと言」です。

：**毎週のようにやってません？　これ。**

：覚えてるもんだよね、ショックなこと言われるとさ。

：編集は、自分が最初に担当した漫画家さんには、厳しいことを言いがちですね。引き継ぎで替わった先生に対しては、腫れ物に触るような感じで接してきますね。

：では第3位。

：**「この本読んで勉強してください」**。

：**きっつ**（：笑）

：これは、相当初期ですよね。

：いや、**これは『陣内流柔術武闘伝《じんないりゅうじゅうじゅつぶとうでん》　真島《まじま》クンすっとばす!!』が終わったあたりですよ。**

：**ええ!?　そんなこと言われますか？**　ちなみに、何の本を出されたんですか？

：次に自分が描こうとしている漫画のキャラクターが、複数の主人公で、3人くらい出して活躍させようというものだったんです。そのキャラクターを動かす前に、ある出版社から出た本で、チームバトルは5人が基本とかいうのがあったんですよ。『聖闘士星矢《セイントセイヤ》』しかり『SLAM DUNK《スラムダンク》』しかり、個性が違うものがうまいこと回っているのが5人だという。「これ見て勉強してください」と渡されたんです。こっちは戦隊見て育った世代なんで、5人が基本はわかってる（笑）

リクエスト1曲目

にわの先生がモモタローの入場曲と脳内設定！

Heart's On Fire／John Cafferty

2017年11月18日(土) ON AIR!!

：それに対して先生はどうおっしゃったんですか？

：絶句しましたね。とんでもないところから飛び道具を撃たれた気がしたんで。まさかこんなこと言われるとは思わなかった。

：こういうの何気なく言ってるんでしょうね。

：で、勉強はしたんですか？

：**しないっすね**（：笑）

：続いて第2位。

：「**アシスタントのほうが絵がうまいなあ**」。

：失礼でしょ、これ。どうしてこんなことが言えるかなあ。

：アシスタントさんも、後に漫画家さんになる方がほとんどでしょうから、うまい方ももちろんいるんでしょうけど。

：これはさすがに昔の話ですよね。

：はい、僕の漫画家初期の頃ですね。

：いくら初期でも、これ、屈辱以外の何物でもないでしょう。

：でも仕方がない。新人のときもそうですけど、連載している人が一軍とすると、1.5軍というか、連載を虎視眈々と狙っている人たちをアシスタントにつけるんですよ。次の連載がすぐ行けるような人が、アシスタントとして周りにいる。レギュラーじゃなくても助っ人として何人か来てくれたりとかしょっちゅうあるので、絵がうまい人ばっかりですよ。こちらも即戦力とか要求しているので。**小畑《おばた》健《たけし》先生の絵とかとんでもなかったですよね。当時はまだ19歳ですよ。**

：小畑先生はやっぱり上手だったんだ。後に売れる人は最初からそうなんですね。

★野球はホークスだがプレイ経験は？

：にわの先生はホークスのファンですけど、野球の漫画としては『Ｂａｓｅ Ｂｏｙｓ』がありますね。

：2巻で終わりましたね。

：野球経験がおありなんですか？

：**草野球くらいしかない**（：笑）

：それで野球の漫画描くのがすごいな。

：その結果、2巻で終わったと。

：そうです（：笑）

：サッカー漫画も『超機動暴発蹴球野郎《ちょうきどうぼうはつサッカーやろう》 リベロの武田《たけだ》』とか。やったことないのに描くじゃないですか（：笑）

：知ったかぶりでね（笑）

：すごいことじゃないですか。そのためにすごくいっぱい勉強するわけですから。

：「ここ違うじゃねえか」とか読者から来たりするんですか？

：多分来てると思うんですけど、このころはまだ編集さんが守ってくれました（笑）今はもうネットが普及して、知りたくもないのに外野の声がバンバン入ってくる。

★リングネームは「薩摩隼人」！

：『THE MOMOTAROH』はプロレスがメインの漫画ですが、そもそもなぜプロレスをメインのテーマにしようと？

：プロレス大好きでしたからね。中学に入ったときに一気に加速しましたね。「炎の飛龍」藤波辰爾《ふじなみたつみ》さんがかっこよくて。さらに初代タイガーマスクですね。佐山聡《さやまさとる》さん。

：にわの先生は、プロレスをやってらしたんですか？

：お恥ずかしいのですが、九州学生プロレス

★『陣内流柔術流浪伝《じんないりゅうじゅうじゅつるろうでん》 真島《まじま》、爆《は》ぜる!!』は『ゴラクエッグ』で、『変身忍者《へんしんにんじゃ》 嵐《あらし》X《カイ》』は『コミック乱』で連載中!

を。僕らのときは九州、といってもほぼ福岡でしたけど、福岡に近い大学生とか専門学校生とかのプロレス好きな方が集まったのが、九州学生プロレスという団体になりました。

：リングネーム的なものは?

：「**薩摩隼人《さつまはやと》**」**っていう……鹿児島キャラをやってました**。まんまだったんですけど。

：薩摩隼人! 空中殺法ができそうな。

：空中殺法やってましたね。

：得意技は何ですか?

：ウラカン・ラナっていう技なんですけど。正面から肩に跳《と》び乗って……フランケンシュタイナーのように脚で相手の頭を挟んで、バク転の要領で投げて押さえ込むという。

：そのまま自分がプロレスラーになろうという考えは?

：ガタイが恵まれていたら考えていたかもしれませんけども、それより**漫画で脳内プロレスを表現したほうが、自分に合っていた気がします**ね。高校の柔道部のときにも、プロレス好きの部員と黒帯デスマッチといって、手首を黒帯でお互いに握って殴ったり首絞めて場外とかに放り投げてあちこちガーンとぶつけて帰って来ましたね。楽しかったですね。

★命を削るギャグ漫画

：ギャグ漫画とストーリー漫画は、どっちが難しいですか?

：ギャグ漫画は、もう毎週命を削ってる感じがしました。当時の担当の茨木さんが「**思いつく限りのギャグを入れろ**」と言ってたんです。WJは10週打ち切りがあるじゃないですか。それは新連載から4週で決まるんですよ。下手したら最初で決まる場合もあります。それまでに人気をとれなかったら打ち切りねって言い渡されるんですよ。それまでに人気をいただかないと後がないんです。だから、伏線とかそういう……。

：**やってる場合じゃない（笑）**

：そうそう。**伏線とかやっても読者覚えてないからって**（：笑）

：それはそれでツラいですね。

：そういう笑いもあるのに。

：**伏線入れてんじゃねーよって。**

：ボケろボケろって（笑）

：**伏線入れるぐらいなら、ギャグ入れろって全力で詰めこみました**（：笑）

：すごいなあ。

：面白いな（笑）

：でも、どれがウケるかは、わかんなくないですか？

：もう全然わかんないです。

：とにかく描くっていう感じなんですか。

：僕らはアンケートの反応で「ここがウケたんだ」「このキャラが好きなの」って把握してました。こいつの出番を増やそうとか。

：へぇー。

：読者の意見を見て決めるんですね。

：そうですね。それが大きいですね。あと、**この時期が編集会議だから、そこに一番面白いクライマックスもってこようぜ**っていうのはあります。今戦ってるライバルとの決着をこの週にもってくるって、そういういやらしい考えはありますね（：笑）

：スペシャルウィーク的なやつね。

：まさにそうですね。

：面白いな。ここだって時があるんだね。やっぱりどの世界でも。

GUEST

11 篠原健太

Kenta Shinohara

PROFILE 1974年東京都生まれ。2007年に人助けを行う部活・スケット団の活躍を描いた学園コメディ『SKET DANCE』で連載デビュー。2010年に同作で、第55回小学館漫画賞少年向け部門を受賞。2011年にTVアニメ化され好評を博す。2015年からは、ウェブ漫画誌「少年ジャンプ+」にて最新作『彼方のアストラ』を連載。2017年に完結させた。

『SKET DANCE』1巻

2017/12/2放送

第23回　週刊ラジオジャンプCONTENTS

★お笑い大好き！

P092に掲載！

■冬になると風邪をひく!?

病み上がりで収録に臨んだ篠原健太先生。寒いと風邪をひくようになったと語る先生に対し、伊達は大きな病院にかかることを勧める。

★史上最年長！　33歳で連載デビュー！

P092に掲載！

■サンドウィッチマンの場合は？

同い年で、少年時代に読んでいたジャンプ漫画が一致する等、意気投合する篠原先生とサンドウィッチマン。特に伊達は、5年サラリーマンをやってから富澤の誘いで脱サラし、周囲に比べて遅いスタートを切るといった経緯も篠原先生に似ていた。さらに両者は、読み切りデビューとTVデビューのタイミングが2005年で一緒！

★初持ち込みで意外な反応が!?

P094に掲載！

■すこし不思議な初作品！

藤子・F・不二雄先生のSF短編集が大好きな篠原先生。初めて完成させた作品は、SFテイストを青春でまとめ上げた物だった！

★年齢がネックになって落選!?

P094に掲載！

■あの担当はいま！

『SKET DANCE』初代担当の話。勇み足もあったが、篠原先生の力を信じて最終的には『SKET DANCE』をヒットさせたことで、篠原先生は感謝をしているという。2018年現在、ウェブ漫画誌「少年ジャンプ＋」の副編集長として活躍する元担当に対し、篠原先生は「アイツは偉くなりました」と感慨深げ。

■初連載終了後に○○毛を永久脱毛！

『SKET DANCE』連載終了後、お尻のムダ毛を処理したという篠原先生。お店に行って、レーザーでムダ毛を1本ずつ焼き切ってもらったそう。そんなエピソードを長々と語る先生に対し、サンドウィッチマンの2人もやや引き気味……？

あなたにとって「週刊少年ジャンプ」とは？

毎週アンケートの結果に一喜一憂する戦いの場、って感じがしますね。

2017/12/9放送

第24回　週刊ラジオジャンプCONTENTS

★最新作『彼方のアストラ』誕生の秘密!!

P096に掲載！

■ジャンプに載るのが最大の宣伝

紙の雑誌とウェブ漫画の違いは「コミックスが売れない」と嘆く篠原先生。「週刊少年ジャンプ」に連載して、人気作品と一緒に読んでもらうことが最大の宣伝だったと、今になってわかるという。ウェブ漫画は、まずウェブで読んでもらう必要があるので、篠原先生もSNSやサイン会等の宣伝活動に力を注ぐようになったとか。

■ウェブ漫画のこれから

作品が無料で公開されるウェブ漫画の場合、0円で読んだ漫画をコミックスで買ってもらうことが難しく、その傾向はキャラクターの人気がある作品より、ストーリーを読ませる作品で、より顕著だそう。そのため、ウェブ漫画には女の子がかわいい作品が増えていく、とは篠原先生の予想だ。

■エッチな漫画は描けません！

「先生の描く女の子はかわいいですよね」と伊達。篠原先生に、もっとお色気を強調することを勧めるが「僕は無理ですね」と、つれない返答。エッチな漫画にも時代にあった絵柄があり、そういった絵柄や作品は描けない、と篠原先生は自分を分析する。次回作の構想はまだないが、今までとまったく違う物を描きたいとのこと。

■『彼方のアストラ』完結に向けて

連載開始当初から結末は決まっていたという『彼方のアストラ』。最初から5巻で完結させることも決めていたが、計算外で内容が増えてしまい、とても分厚い5巻になった。

★メール：担当が笑わなかったら？

P097に掲載！

■ネタ作りは口に出して

サンドウィッチマンのネタ作りについて逆質問をする篠原先生。富澤が1人で創ったネタを、伊達は紙にプリントして確認するという。一方、篠原先生は、自らが各キャラを演じて担当の反応を見るらしい。実際に口に出した方が、脳が回転してネタ作りが捗るという。

★お笑い大好き！

伊達（以下）：それではゲストをご紹介しましょう。『SKET DANCE《スケットダンス》』『彼方《かなた》のアストラ』の作者、篠原健太《しのはらけんた》先生です！

富澤（以下）：よろしくお願いします。

篠原（以下）：よろしくお願いします。

：先生、同い年でございます。

：そうですね。1974年生まれで。

：昭和49年生まれ、43歳です。先生、我々のことは知ってますかね……？

：もちろん。大好きで、「YouTube」とかでですけど、日本一見てると思います。

：ホントですか！　うれしいなぁー。

：ぼくらのネタの中で、好きなものとかあるんですか。

：**ヤホーで調べてきたとか……。**

：**それ、ナイツです！（笑）**

★史上最年長！　33歳で連載デビュー！

：篠原先生が連載デビューされたのは33歳の時ということですね。

：遅めですね。

：**これはジャンプ史上最年長なんです。**しかも、それまでは会社員だったと。

：なんでこんなにデビューが遅めになったんですか？

：それまでも描いてみたいなとずっと思ってたんです。子供の頃から。

：何読んでました？　昔。

：『キン肉マン』ですね。それと『Dr《ドクター》・SLUMP《スランプ》』が読みたくてジャンプを買い始めて。超人ばっか描いてました。

：超人を考えて応募したクチですか？

：応募しました。

：えーホントですか？　採用されず⁉

：ホークマン、ていうのを描いて送ったんです。そしたら、**自分のじゃない他のホークマンが採用されて（笑）**

：悔しいなー、それは。

：マリポーサチームで、頭にタカが乗ってるやつですよね。

：そうです！

：面白いなー。会社員は何歳まで続けられたんですか？

：辞めたのは28、29歳の時ですね。大学生の時も漫画を描こうと思ってたんですけど、うまく描けないのが耐えられなくて、1、2ページですぐやめてしまって。それの繰り返しでした。会社はゲーム会社で、すごく楽しかったんですけど、漫画を描いてみたいという思いはずっとあって。25歳くらいの時に、休みを使って描き始めたりしたんですが、やはり全然できなくて。

：休みの日は休みたいですもんね。

：その原稿は何度目かのほったらかしで押し入れ行きになるんですが、28歳くらいになって、「**一旦仕事をやめて、仕切り直そう。この原稿だけは描いて持ち込みというものをしてみよう**」と。

：それまで1回も、持ち込みしたことはないんですよね？

：投稿すらしたことがなくて……というか、完成させたことがない！

：**そこまでの間は、超人しか描いてないですよね（笑）**。

サンドウィッチマンの週刊ラジオジャンプ

リクエスト1曲目

篠原先生が作詞を担当！

ウォーターカラー／The Sketchbook

2017年12月2日金 ON AIR!!

★初持ち込みで意外な反応が!?

：それで持ち込みに行ったんですか。

：無職だから、原稿はすぐ仕上がるんですよ。それで持ち込みに行って。

：どこに行ったんですか？

：「週刊少年ジャンプ」です。それしか知らなかったんで。そこでボロクソ言われるっていうのは何となく聞いてたんで、それで気が済むだろうと思ってたら……**意外にも少しだけホメられたんです。**

：何て言われたんですか？

：ジャンプではなく、どこかの青年誌なら賞が獲れるかも……みたいなことを。それでやる気になっちゃったんです。

★年齢がネックになって落選!?

：漫画って、年齢関係あるんですか？

：ない、とぼくは思ってたんですが…。

：そんな中、２００５年に読切デビューされますね。我々30歳の時ですけど。

：連載デビューまではいくつかの段階があるんです。最初は月例賞等の賞を取る＋担当がつく↓増刊読切掲載↓連載企画読切を増刊に掲載↓本誌読切↓本誌連載スタートといった感じで。

：いやー、長いですね……。

：それで、まずは賞を取ろうという話になったんですが、これは担当と打ち合わせをしながら作っていけば、ほとんどの場合賞が獲れるんですよ。**でも……そこで落ちたんです。**

：**あれ!?**「話が違うじゃないか」ってなりますよね。

：まったく同じことを言いましたね（笑）そしたら理由が「**30歳だから**」と言われて。これは……言ってもいいのかな!? まぁ、いいか。

：ええー!?　年齢？

：これには担当も怒ってて。「年齢は、関係あるのか！」と。

：関係ないですよね、漫画に。

：ジャンプの名誉のため言っておくと、年齢に見合ったキャリアを感じさせる面白いものを描いていれば、獲れたと思うんです。でもまだ本格的に描き始めて1年足らずだから。ぼくは今回ダメならジャンプをあきらめて他に行きますと担当に伝えていて。その通りにしようと思ったら「**待ってくれ。次はいきなり増刊読み切りでいいから、もう1回やろう**」と言うんですよ。そこでイチから新しいものを作り、自信作が完成した。**そしたら……また落ちたんですよ。**

：**アッハッハッハ！**

：それでもうホントにやめますね、お疲れ様でした……と言ったら「待ってくれ！もう1回だけやろう」と。「**今回は周りのレベルが高すぎた、タイミングが悪かった**」って言うんだけど、ホントかなーと思って。

：何だろうねー、それは！

：ただし「**これはもう完成してるから1コマも直さなくていい。3か月後にそのまま会議に出すから**」と言われたんです。

：**誰ですか、そのウソついてる人は？**

：初代担当編集です（笑）**でも3か月後に、そのまま出したら……今度は通ったんですよ。**

：『M-1《エムワン》』でも同じようなことあるじゃないですか。タイミングって、あるんですねー。

☆『SKET DANCE』LINEスタンプが発売中!

★最新作『彼方のアストラ』誕生の秘密!!

🙂‥現在連載中の『彼方のアストラ』ですが、前作からガラリとテイストが変わってSFになりましたよね。なぜまた、SFに?

🙂‥ガラッと変えたかったんですね。

🙂‥‥‥‥次の質問行っていいですか?（笑）

🙂‥要するに、前作と同じではダメで。編集部とか読者の皆さんは同じようなギャグものを求めてくださると思うんですが、ぼくもジャンプっ子なんでわかるんですよ。**同じようなものをまた始めると、大体長続きしないで終わるんですよ。**

🙂‥傾向と対策があったんですね。

🙂‥なので新企画は全然違うことを始めるということだけは決めてて。1話完結じゃなく、うことだけは決めてて。1話完結じゃなく、

次回が気になるストーリー漫画。舞台も、前作は部室でずっと喋ってるインドアな話だったから、今度は宇宙に行くかとか。前作の逆を行こうと考えながら固めた感じですね。

🙂‥そもそも、宇宙に興味があったとかじゃあないんですね。

🙂‥興味はありますけど、そんなに詳しいとかは全然ないです。SF素人が描いているので、難しい設定もなく。それで**結局は学園モノになっているような。**前作にテイストが似てきてしまっているんじゃないか‥‥‥とは、思ってます（笑）

🙂‥**ブレブレじゃないですか!**

🙂‥でも、続き物でヒキのある物語を描きたいという欲はあったんで。その思いは叶えられたので、嬉しいですね。

★メール：担当が笑わなかったら？

：番組宛に質問のメールが来ています。

：RN《ラジオネーム》「おちゃこ」さんより。「篠原先生の押しつけがましくないギャグが大好きです。完成した原稿を編集者が初めて読む時、クスリとも笑わなかったら傷つきませんか？」。

……あぁー。

：完成した原稿を渡した時には、担当も中身を知ってるので。**ただ2代目の担当がすごく笑う人で。**何言っても笑うんです。ぼくは打ち合わせのとき「この話イケるかな」とか、彼の顔色を見て判断してたんですがそれで失敗した時もありました。

：コイツのセンス信じたのにみたいな。

：ボッスンとヒメコが入れ替わる話があったんですが、打ち合わせの段階では担当も話してるぼくも、一番ゲラゲラ笑ってたんですよ。

で、アンケートもよくて。でも、ものすごく後になってから知ったんですけど、結構叩かれたみたいで。

：えぇー！

：「そのまま信じちゃダメなんだ」と思いました。

：全部信じちゃダメなんですねー。

：そこから慎重になりました。打ち合わせを早く終わらせたいのもあって、ぼくも担当を笑わせようと面白そうに言ってしまうことがあるんです。でもその後は冷静に話すようになりました。

：でも全然笑わない人はイヤだな。それならゲラの方がいいですよね。

：**でも笑い方で、ウソかどうかはわかりますから。**

：ぼくもネタ書いたのを見せて、伊達さんが笑ってくれると安心しますねー。

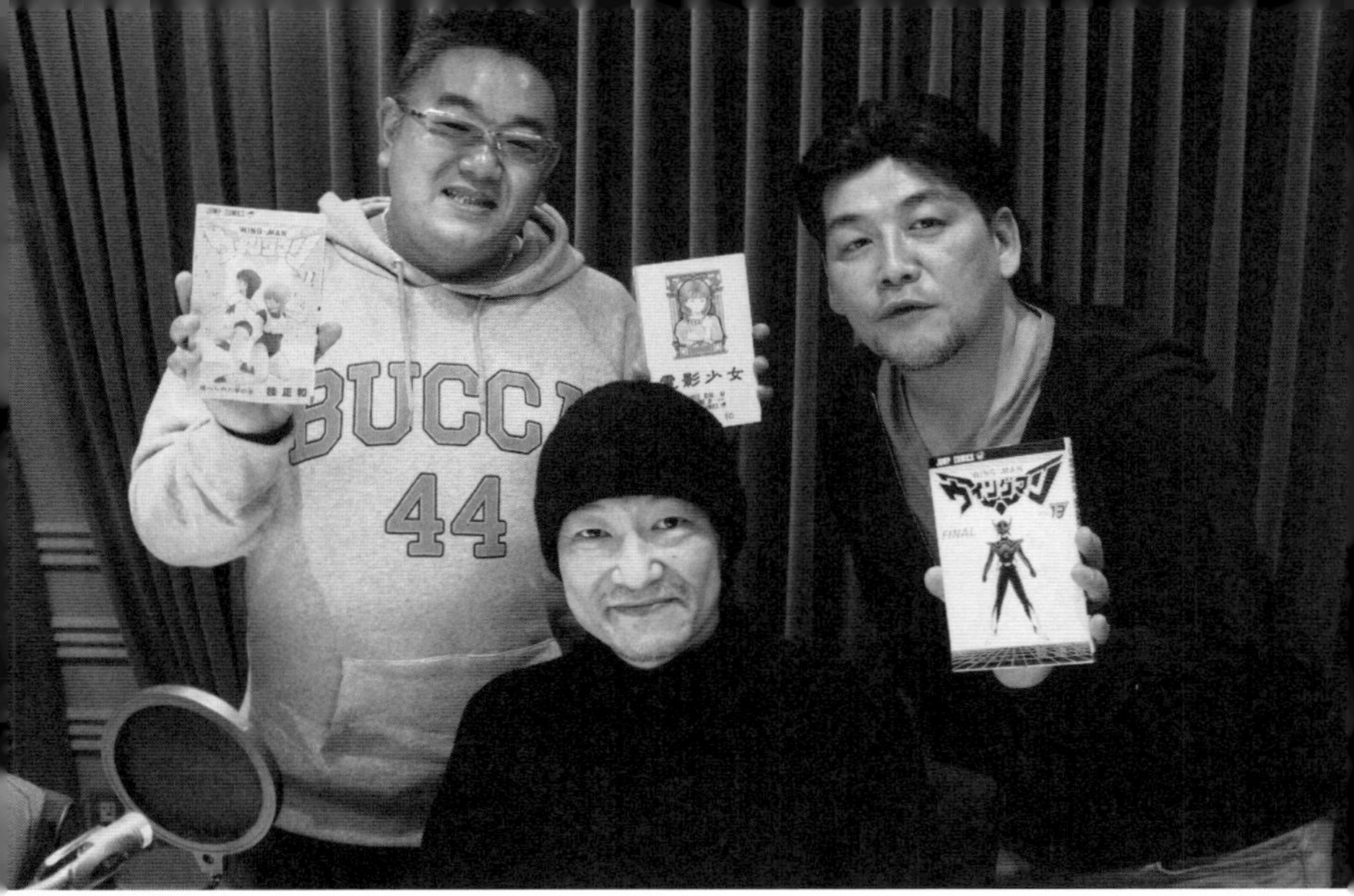

GUEST
12 桂 正和
Masakazu Katsura

『ウイングマン』1巻

PROFILE 1962年福井県生まれ。「週刊少年ジャンプ」での連載デビュー作は、『ウイングマン』。1983年にスタートしたこの作品は大ヒット。TVアニメ化もされた。その後のヒット作『電影少女』や『I"s』では、映画や小説など、数々のメディアミックスが展開される。

2017/12/16 放送

第25回　週刊ラジオジャンプCONTENTS

■『電影少女《でんえいしょうじょ》』はリメイクしてもやっぱりビデオ！
桂先生曰く、徐々にテープが減っていくビデオのアナログ感を大切にしたいので、リメイクを描く時もやっぱりビデオがいいと言う。

■ベスト3：中学時代、親にバレた
桂先生的人生の修羅場第3位。オーディオコンポが欲しくて、賞金50万円の週刊少年ジャンプ手塚賞への応募を決意。ところがある夜、漫画を描いているところを親に見つかり、激怒されたそう。

■ベスト2：高校時代、先生にバレた
修羅場第2位。手塚賞の締め切りが迫っていたため、授業中にB4原稿用紙にインクでペン入れを行っていた桂先生。当然先生に見つかるも、怒られなかったという。桂先生がいつも授業中に漫画を描いていたので、ついには先生が応援してくれるようになった。

■「ラブコメを描け！」と言われて
硬派なSFやロボットものが好きで描いていた桂先生に対し、編集の鳥嶋氏は「全然面白くない」と言い放つ。「こういうのは人生経験を積んでから描け。その前にラブコメを描け」と提案したという。

■『ウイングマン』を光らせた鳥嶋氏のアイディア
「主人公を学生にして、文房具をアイテムにしたらどうか」と鳥嶋氏に提案され、ドリムノートが生まれた。多くのボツを出す厳しい鳥嶋氏に、桂先生は当時従うしかなく、喫茶店で「つまんねえ」とネームを投げられたこともあるという。だが、漫画家が困った時に満足にアイディアをくれない編集者が多い中で、鳥嶋氏は100個ぐらい提案してくれて、そのうち1つは光るものがあったそうだ。

★ベスト1：肺炎にかかって激怒された P100に掲載！

■メール1：ヒーローを描く時の理想的なデザインは？
ヒーローに限らず、パッと見て形がわかるデザインが好きという桂先生。影にした時に誰だか判別できるよう心掛けているという。

★実は女の子を描くのが苦手！ P102に掲載！

あなたにとって「週刊少年ジャンプ」とは？

戦場。毎週締め切りに追われ、思考を剥ぎ取られるくらい忙しい。でも終わるとホッとすると同時に寂しいなって思います。

2017/12/23 放送

第26回　週刊ラジオジャンプCONTENTS

■女の子は嘘とリアルの中間を描く
女の子を描くのは苦手で、気合いを入れないと描けないので、いつも胃が痛い思いをしながら描いていたという桂先生。注意している部分は、漫画とリアルの中間を描くこと。綺麗に見えるよう、嘘を織り交ぜてより本物っぽく見えるように意識しているとのこと。

■何度描いても女の子の絵は納得できない！
桂先生は、女の子を描くのにすごく時間がかかるという。例えば頬のライン一つとってもどのカーブが一番このキャラクターらしいかを考え、何度も描いては消すことを繰り返すが、自分の中で納得ラインがなかなかわからず、アシスタントに聞くこともあるという。

★『電影少女』衝撃の誕生秘話！ P102に掲載！

■恋愛ものだから「あい」にこだわったネーミング
『電影少女』は愛情や哀しみといったイメージからヒロインは「あい」と名づけられた。『I"s』も恋愛ものなので「あい」という頭文字の登場人物を揃えて、漫画の色を出そうと試みていた。

■『電影少女』のきわどいシーンが掲載できたワケ
少年誌にもかかわらずエッチな展開で話題を呼んだ『電影少女』。桂先生はネームを見せず、印刷所に入れなければならないギリギリのタイミングで原稿を提出したため、担当編集を非常にビビらせた。どこまでがよくてどこまでがダメかを聞きつつも、ギリギリのところを攻めていこうと思って描いていた。

★『I"s』が結末を迎えちゃった！ P104に掲載！

■メール2：エッチなシーンを描く時は興奮するの？
自分の絵になかなか納得できない桂先生は、描き終わった後は検証に入ってしまい、嫌なところばかりが目立ってしまうため、エロく見えているかどうか自分自身さえわからないという。そのため、そういった気持ちになることは一切ないそう。印刷所に原稿を入れた後で引き上げて描き直したこともあり、自分の絵に対しては一生満足できず、昔の絵は全部見たくないというのが正直な気持ちだとか。

GUEST 12_桂 正和　　サンドウィッチマンの週刊ラジオジャンプ

★ベスト1：肺炎にかかって激怒された

伊達（以下🙂）：桂正和先生の漫画家人生を振り返っての修羅場第1位は？

桂（以下🙂）：自己管理がなっていないと怒られた。

富澤（以下😀）：誰に怒られたわけですか？

🙂：まあ、鳥嶋さんですね。

😀：**親に怒られるみたいなやつですねこれ（笑）**

🙂：鳥嶋さん（笑）いつぐらいの話ですか？

🙂：『ウイングマン』を連載していて1年ぐらい、アニメ化になった後ぐらいですかねぇ。

😀：まあ、軌道に乗っていますよね。

🙂：はい。その頃、僕は風邪をひいたらしくて3週間ぐらいずっとだるかったので、鳥嶋さんにちょっと来週休みたいんですけどって言ったんです。そしたら「お前ふざけんな」と

（🙂🙂）：笑）

🙂：「連載漫画家が休むってことは筆を折るってのと一緒なんだぞ。お前辞めんのか？ 辞めたくねぇだろ？」って。

😀：**こわいこわい！**

🙂：「点滴でも打ってこい」って言われました。僕ね、当時、千葉から東京までネームの打ち合わせに行っていたんですよ。毎週毎週……。

🙂：それもしんどいですね。

🙂：純粋な子だったので。普通、編集が来るものですよ（笑）。で、本当に点滴を打ちながら行っていたんですけど、全然治らなくて、そのうち1分も机に向かっていられなくなっちゃったんです。40度ぐらい熱があって。

🙂：えぇー!!

🙂：それで医者に行ってレントゲンを撮ってから打ち合わせに行って。「大丈夫だ、気合いだ気合い」とか言われながらやって……。

🙂：**もう、サイテーだな……。**

※鳥嶋さん：元少年ジャンプ編集長

：で、連載表彰式というのがありまして、僕は休みたかったんですけど「お前ふざけんな、ハイヤー出すからこい」と言われて。

：**ええええーっ!!!**

：行ったらみんなが目を丸くして、「お前、蝋人形みたいだぞ！」と……。顔色が悪すぎて真っ白だったらしいです。で、医者からレントゲンの結果があるからと電話があって行ったら、肺炎ですからすぐに入院しなきゃダメだって言われて、僕入院になったんですよ。

：うわうわ！　そんなこと聞いたことない！

：2日ぐらい経ってから鳥嶋さんがお見舞いに来たんですが、お見舞いという名の、なんかこう……怒り？

：**怒りなんですか!?**

：「お前さあ、自己管理なってねぇよ」と。いや自己管理も何も、俺3週間ぐらい前から言ってますけど！　みたいな（笑）

：**いやあ、鬼だな！**

：あ、でも鳥嶋さんすごくいい人ですよ？

：**いやもう遅いです（笑）。**

：**どこがだよって思ってますよもう（笑）**

：この件に関して実は鳥嶋さんも反省しているとインタビュー記事で書いてありました。

：そんなこと言うんだあの人！

：それで入院していた桂先生のためにジャンプに応援コーナーを作ったとか。しかも鳥山《とりやま》明《あきら》先生がイラストを描いてくれたんですよね。がんばれがんばれ桂くんって。**だから、ちょっとは悪いと思ったんでしょうね**（笑）

リクエスト1曲目

仕事中に作業場でも流れるユーロビート！

Melanie／Max Him

2017年12月16日土 ON AIR!!

★実は女の子を描くのが苦手！

：女の子を描くときに気をつけている点は？

：いかに可愛く描くか、かな。これも鳥嶋さんの話につながるんですが、僕は元々男しか出てこないSFしか描いてなかったんですが、それではダメだと。『ウイングマン』の時も女をいっぱい出せって言われたので、ウイングガールズを不本意ながら（笑）出しました。でも、「全然可愛くねえ！」って怒られて。

：めちゃくちゃですねほんと……。

：はは（笑）それでどうしたら可愛く描けるんだろう、と色々修行したというか。

：俺、好きだから女の子がいっぱい出てくるのかと思っていました。

：逆なんですよ。例えば『I"s《アイズ》』の伊織《いおり》は僕の作品全部を通してヒロインとして凄く人気ありますけど、最も描きたくなかったです……。

：えええー!?

：うんざりしていました（笑）というのも気合いを入れないと描けないんです。相当神経が擦り減るんですよ。可愛く描かなきゃって。だから今見ると、伊織は脇役よりも納得がいってない絵がいっぱいあるんですよ。

：いやあ、すごい話だ。面白い！

★『電影少女』衝撃の誕生秘話！

：『電影少女《でんえいしょうじょ》』の設定はどうやって思いついたんですか？

：これは、1回鳥嶋さんが担当を外れて、戻ってきたときに、「お前、また恋愛もの描け」って話になって。もう嫌なんだけどって言ったんですけど描けと言われて（笑）で、ちょっと男の子っぽいボーイッシュなものを描きたいとぼそっと言ったら、「次の週までにスケッチしてこい」と言われまして。

：はあ……。

：それで翌週スケッチして持っていったら、鳥嶋さんが「俺、この前『世にも不思議なアメージング・ストーリー』っていう海外ドラマを観たんだよ」って言うんです。僕は観てないのでわからないんですが、天才科学者か何かが作った液体を混ぜると写真が立体になって出てくる話があるらしくて。で、「お前、SFやりたいんだよな。液体を裏本にこぼしちゃって、そしたら裸の女が出てくるのはどうよ?」って（：**爆笑**）

：「男っぽい女の場合は、裏に広告で男のグラビアが載っていたんだよ。それが染みすぎちゃって、男の要素が入っちゃったってのはどうだ?」って言うから……確かにまあ、面白そうだなあとは思ったんですけど……パクリだし、裏本もないしなあ、と思って（笑）

：ははは（笑）

：それでどうしようと思っていて、当時、レンタルビデオ屋が流行っていたので、ビデオにしたらどうかなと、決まったんですね。

：ということは、鳥嶋さんの意見が大分。

：そうなんですよね。だから100提案してくる中の1つが非常にピタッと来るんです。

：**99は全部捨てるんですね（笑）**

：ダメ。クソみたいなアイデアです。

：**クソみたいな（笑）**

：『電影少女』はSFの設定を使ったラブコメですけど、もともと桂先生は、ラブコメはそんなにお好きじゃなかったんですよね。

サンドウィッチマンの週刊ラジオジャンプ

リクエスト2曲目

『電影少女』を描いていた頃に聴いていた曲!

彼女には判らない（Why Don't You Know）／大沢誉志幸

2017年12月23日土 ON AIR!!

☆漫画以外の案件が3つほど進行中！　情報解禁を楽しみに待とう!!

：好きじゃないですねえ。描きたいとも思ってなかった。けど描いてみて、向いているのかな？　とも思いましたけどね。人間の内面を描くのは楽しいなと思った部分もあります。

：読んでいると、凄くくすぐりますもんね。

：『電影少女』は特に心理描写をくどいほど描こうと思って、それが楽しかったかなあ。

：若い人には読んでほしいですね。しかもV《フィ》HS《エイチエス》ですから。それもわからないだろうから。

：知らないだろうね、子供たちなんかはね。

：ピンとこないんじゃないですかね。

：でも三角関係は絶対に現代もあるからね。

：ちなみに先生は学生時代に恋の経験は？

：僕は結構、淡白なんですよ。Hな方面でも、恋愛ごとでもそんなに……。だいたいバカな友達の経験談が生かされています（笑）

：**Hな方面というのをちょっと詳しく……。**

：**なんで気になったの!?　そこ掘るの!?**

★『I"s』が結末を迎えちゃった！

：桂先生の場合、漫画の結末はもう頭に描いてあって、そこに向かっていく描き方をされているんでしょうか？

：いや、僕の場合はほぼないですね。途中です。『I"s』は基本的に、早めに結末を決めていましたけど。ただ、「週刊少年ジャンプ」の悪いところなんですが、若干人気があると、連載が延びるんですよ（笑）

：そうなんですね（笑）

：だから『I"s』の場合、僕の想定していた結末までいったんだけど、それ以上もやらなきゃいけなくなったんで、もう大変でした。

：ええっ！　どうするんですかそれ!?

：もう胃を痛めながら考えて……。だから僕、基本的にＷＪの作家としては向いてないなって思っています。描くのも遅いし。やっぱりＷＪの看板を背負っているような作家達は、臨機応変にできるような漫画の構造になっているんです。でも僕はドラマを追っちゃうんで、なかなか難しいんですよね。

：翌週翌々週ぐらいまで考えるわけですか？

：僕の場合、こういうところに行きたいというおおまかな尻はあります。ジャンプは、昔はみんなそうだったと思うんですけど、次を印象的にしなきゃいけないというのが先に立って、「やったはいいけど、これどうする?」ってことが多かったと思いますよ（笑）

：**宮下《みやした》あきら先生が言っていましたよ（笑）翌週のことしか考えていないって。**

：引きが大事だから「殺しちゃえ！　殺しちゃったけどどうしよう!?」みたいな（笑）

：ははは（爆笑）

：**すごいよなあ。帳尻合わせですよね。**

：そんな感じになります（笑）だから僕ら世代は作品を作り上げている意識があまりなくて、「アーティスト」なんて言われるとこそばゆいというか、違う感じがするんですよね。ですから「漫画家」って感じなんですよ。

：ずっと追われてって感じで。

：ええ。だからもうこれ、人間がやる仕事じゃないなって思いつつ、でもこれしかやることがないしって感じで、必死で……。

：**いやあ、辛いなあ……！（しみじみ）**

：漫画家になっていなかったら、桂先生は何をやっていました?

：いや、わかんないですね。もうダメでしょうねぇ。ダメなやつになっていたでしょう。

：**ダメなやつ（笑）**

GUEST

13 小栗かずまた

Kazumata Oguri

PROFILE 1974年東京都生まれ。「週刊少年ジャンプ」での連載デビューは『花さか天使テンテンくん』。1997年より2000年まで連載された同作は、TVアニメ化、ゲーム化され、代表作に。笑いの中にも心温まるエピソードを盛り込んだギャグ漫画作品で、子どもたちを中心に絶大な人気を獲得。最新作は『最強ボスザル伝アラシ!!!』。

『花さか天使テンテンくん』1巻

2017/12/30放送

第27回　週刊ラジオジャンプCONTENTS

★先祖は徳川埋蔵金に関わる人物！ P108に掲載！

■子ども向け作品を描くことになったきっかけ

漫画好きになるきっかけとなった『ドラえもん』っぽい、ギャグ漫画的な作品を小学生の頃から描いていたという小栗先生。子どもの頃に姉妹と「かわいい絵を描く勝負」をして、かわいい絵はどういうものかと研究しているうちに、今のような絵のタッチになったのだとか。そんな経緯もあって、ジャンプでも自分が自然に描ける『花さか天使テンテンくん』のような漫画を描いたという。

■22歳で『テンテンくん』を初連載！

初連載がジャンプになったことについて、小栗先生はギャグ漫画で、かつ子ども向けの作品を描ける人がいなかったからと謙遜していた。「下の世代が入ってこないと漫画雑誌は続かないから、編集部的にもそういう漫画が欲しいというのがずっとある」とも指摘した。

■ジャンプは下ネタにおおらか？

チンコ・うんこなどの下ネタが多く出てくる『テンテンくん』。何か言われたりしなかったですかという伊達の問いに、たま金の皮を広げて空を飛んだりしていた『ジャングルの王者ターちゃん』を例に挙げ、当時のジャンプは下ネタにおおらか、と小栗先生は答えた。

■ベスト3：サイレント焼肉事件！

『テンテンくん』連載時、アシスタント2人の仲が悪化。はじめは心配していたが、途中から面白いと思ってしまい、どれくらい口をきかないか試そうと、その2人を焼肉に連れ出した。小栗先生があえて何もしゃべらないでいたら、最後まで無言で食べ続けた。

■ベスト2：上履きがカエル事件！

『テンテンくん』のとある話で、幼稚園児の上履きを描いていたつもりが、気づいたらカエルを描いていた。アシスタントのいたずらかと思ったが、自分しか原稿を触っていなかった。「ギャグ漫画家は病む」とも言われるが、その一端が見えるエピソード！

★ベスト1：セリフが間違ってるよ事件！ P109に掲載！

あなたにとって「週刊少年ジャンプ」とは？

高くてきれいな山、って感じですね。
登ろうと思ったらムチャクチャ険しい、地獄みたいな道でした

2018/1/6放送

第28回　週刊ラジオジャンプCONTENTS

■1ページ目に隠された秘密！

『最強ボスザル伝アラシ!!!』が掲載されていた「最強ジャンプ」は隔月発行の漫画雑誌なので、毎回1ページ目でこれまでのあらすじをちゃんと描くようにしているという。子どもは前号の話を結構忘れているため、このような配慮が必要になるとのこと。

■『アラシ!!!』で猿を主人公にした理由

昔ながらの、男気がある少年漫画のキャラクターを描いてみたかった小栗先生。『銀牙 -流れ星 銀-』を読んでいて、動物が熱血的なことをやっていると、より感動すると思ったそう。ボスというテーマを描くならボス猿があるしと、猿はピッタリだなと感じたという。

■『魁!!男塾』テイストを入れ友情・努力・勝利を描く

『アラシ!!!』では、「男塾名物〇〇」をオマージュして、「猿山学園名物〇〇」というイベントをやらせていた。「友情・努力・勝利」が最近あまりないため、逆にやってみようかなと思ったそう。

■『コロコロ』で子どもの流行をチェック！

「今、一番子供に流行っていることや人気の芸人をいち早く取り上げるのは『コロコロコミック』なんです」という小栗先生。そのため、自分で買って研究しているそうだ。

■俳句で賞をもらいました！

『テンテンくん』連載時、小学校高学年の女の子から「妹がテンテンくんの俳句の回で出てきた俳句をそのまま市のコンクールに出したら、入賞してしまった」と謝罪の手紙をもらった小栗先生。ただ自分としては、俳句で賞を取ったことがなくてとてもうれしかった。

■メール1：小栗先生の憧れまたは神様のような漫画家は？

平松伸二先生の下でアシスタントをしていた小栗先生にとって、平松先生は師匠みたいな存在で、今も交流があるという。平松先生が直で教えるわけではないが、ズブの素人にも枠線の引き方から教えて、新人を育てていた。そのうえ給料も貰えていた。

★メール2：小学校の頃に流行したものは？ P112に掲載！

★先祖は徳川埋蔵金に関わる人物！

伊達（以下）：**なんと、先祖は徳川埋蔵金を隠したといわれている、小栗上野介《おぐりこうずけのすけ》……なんですね。**びっくりしたんですけど。

小栗（以下）：本当です。僕のひいひいおじいちゃんが、小栗上野介さんなんですよ。

富澤（以下）：じゃあ知ってるはずですよね。

：埋蔵金。

：いや、僕は知らない（笑）

：絶対知ってますって。

：伝わってるでしょ、それなんか。「ここです」みたいなの。

：テレビでよくやってたじゃないですか、探しているやつ。うちの先祖が出るからと思って、家族で見てるんですよ。**うちの親父は酒飲みながら「あるわけねえだろ」と。**

：**マジですか！**

：「あったら俺が探してるよ」って。

：言い伝えみたいなこともなく？

：うちの親父、5年前に死んだんですけど、何も言い残すことなく。

：遺書とかなかったですか。

：ないんですよね。

：「この際だから最後にこれを言わなくちゃいけない」みたいな。

：暗号とか地図的なものとかないんですか。

：いやあ、徳川埋蔵金を発掘しようとする番組で、テリー伊藤さんが「小栗上野介の墓を探したら、暗号があるんじゃないか」と勝手に言っていて、**家族全員で「うちの墓が荒らされたらどうすんだ！」って怒ってました。**

：本当ですか。

：身内はそういう感情なんだ。

：はっきりわからないですけど、僕はないと思いますよ。

：**ないですか！**

：TBSラジオで言うのもなんですけど。

：TBS必死ですから、これ。誰でしたっけ、ムキになってやってたの。

：糸井重里《いといしげさと》さん？

：糸井さんは『ギミア・ぶれいく』という番組でずっとやってました。最近は林修《はやしおさむ》さんの番組でまたやってると思って。

：糸井さん、僕らたまに会うんで、言っときますよ、「ない」って。

：お願いします。はっきり子孫が言っていたと言えば、多少は伝わるかなと。

：**テリー伊藤《いとう》さんにも「小栗家の墓、荒らさないでくれ」と言っとかないと**（：笑）

：それが一番大事ですね（笑）

：伝わっているものは何にもないんですか。

：僕は聞いたことはないですね。

：俺らも聞きたくなかったかもしんないなー。残念。

★ベスト1：セリフが間違ってるよ事件！

：「漫画家人生でつらかったこと」のベスト1は、「セリフが間違ってるよ事件！」。これはいったいどういう……。

：誤植という、言葉を間違えて印刷されたりすることがあるんです。それがちょっと入社2年目の担当だったんですけど、結構多い人がいて。『ヘンテコ忍者《にんじゃ》 いもがくれチンゲンサイ様《さま》』の時なんですけど、2～3話ごとに1回間違えていた。

：どういう間違いになるんですか。

：例えば「トラネコ」と書いたら、「ドラネコ」になっていたり。

：結構致命的なやつだ。

：僕は原稿用紙に鉛筆で書くんですけど、それを印刷所の人が写植文字にして、それを今度は編集者が間違っていないかチェックするというのが、校正という仕事なんですけど、2〜3話ごとに1回間違いがあって。

：結構多いですね。

：でもまあ、入社2年目の人だし多少しょうがないかな、と見逃していたところもあった。**そう思っていたら、7か所間違っているときがあって**（：笑）

：7か所！　話変わってくるじゃないですか。

：そうなんですよ！　1話の中に7か所あると……。

：間違い探しみたいになるんですね、もう。

：ひどい時は1人称が「わたくし」のキャラクターが、ページによって「わたし」だったり「あたくし」になっていて。**「あたくし」になっちゃうと、もうおネエが入ってるから、キャラクターを勝手に変えられた感じになって**（：笑）

：そうですね。

：さすがに電話して注意して、そしたら担当も「すいませんでした。今後気をつけます」みたいな感じで終わって、じゃあやんないかなもうと思って、次の話で自分の漫画を見たら、また7か所間違えていた（：笑）

：**ノルマみたいになっちゃった。**

：注意してまたやるということは、「ちょっとこの人大丈夫かな」と恐くなっちゃった。

：いや、そうなりますよね。

：だからと言って、入社2年目の人を担当から変えるのも、かわいそうかなと思って。

😎…悪気があるわけじゃない。

😎…だから、解決策をどうしようかなと思って。担当の先輩の編集者に連絡して、「今後、校正の時に一緒に見てあげてくれないか」と頼んだんです。そうしたら、次の回からなくなったんです。

😎…よかった〜！

😎…そのうちに『チンゲンサイ』が終わることになって、**最終回を読んだら、また2か所間違っていた**（😎…笑）

😎…最後だから気が緩んだのかわからないですけど、それはもう、言わなかったです。

😎…優しいなあ〜。雰囲気が優しいもん、小栗先生。

😎…だいぶ妥協してますよね。キャラ変わっちゃうわけですから、セリフひとつで。

😎…珍しい例だとは思いますけどね。

😎…でもそういうの、ちゃんと見て欲しいなというのはありますよね。

😎…ちゃんと読んでいれば、わかるじゃないですか。そこがまずショックなんですよね。

😎…**台本なんかでもたまに、サンドウィッチマンってところを「サンドチッチマン」って書いてあったりとか**（😎…笑）

😎…富澤じゃなくて「富樫」って書いてあったりとか、「宮澤」なんてのも当たり前のように書いてありますからね……。台本に、伊達・富澤って書いてあったと思ったら、途中から急に富樫ってやつが出てきて、また伊達・富澤になっている。

ソロ活動前の「野狐禅」の頃からのファン！

ふうせんガム／竹原ピストル

2018年
1月6日(土)
ON AIR!!

☆『花さか天使テンテンくん』のLINEスタンプ、好評発売中！

：トガシって打たないと、富樫とは出てこないでしょ。今までトミザワだったのに。

：そうそう、あえてですよ。

：楽屋に衣装が置いてあって、衣装に名前がついているんですけど、伊達様、伊藤様って書いてあるときもあった。**俺もういないなって**（　：笑）

：今日俺呼ばれてないなって。そんなのちょこちょこあるよな。

：あるよな〜。ちゃんと見直してほしいよね。

：俺らに興味ねえ人が用意してんだろうなと。

：たぶんそうなんだろうな……まあまあ、我々はしっかり仕事しますよ。

★メール2：小学校の頃に流行したものは？

：「小栗先生とサンドの2人は同学年という

ことで、小学校の頃に流行したもので忘れられないものはありますか？」

：**人生で生まれて初めて見た映画、これ「せーの」で言ったら、全員一緒だと思うんですけど。**映画館で観たやつ。

：たぶんアレだと思いますね。

：富澤、わかるでしょ。

：はい。

：『ドラえもん　のび太の恐竜』。

：ほら！（　：笑）

：ああっ！すごい。

：これ、大体一緒です。同い年だと。

：あれ、幼稚園か小学校くらいですかね。

：俺、立ち見でしたよ。

：みんな通るんですね、この世代は。

：あと『キン肉マン』もやってましたね。

：ああー、そうでしたね。

：『ビー・バップ・ハイスクール』は？

：映画は観てないです。原作の漫画は読んでました。

：映画行ったわ～。同時上映『恋子《こいこ》の毎日《まいにち》』ね（：笑）

：ジャッキー・チェンの映画もよく行ってましたね。

：観てましたね。

：キョンシーとか。

：キョンシーも世代ですね。

：『霊幻道士《れいげんどうし》』行ってましたよ。一番怖いですからね、あの映画は。

：「コロコロコミック」読んでました？

：読んでましたよ。

：僕、『超人キンタマン』が好きで。

：好きでした俺も。

：あったな～。

：ビックリマンシールとかね。キンケシも。

：俺ね、風邪ひいて具合悪くなったときに、母親に「なんか欲しいのある？」って言われて。ジャンプ読んでたんで、「ジャンプとか、ガンガン買ってきて」って言ったんだ。**そしたら、「週刊少年ジャンプ」と「月刊少年ガンガン」って雑誌を買ってきちゃった**（：**笑**）俺、読んだことなかったわガンガン。

：知らない。

：**「これでいいのガンガン」って**（：**笑**）

：今もありますよ「月刊少年ガンガン」。

：読んでなかったんで。いやあ、ガンガン買ってきたよって。

：**なんだよガンガンって。**

GUEST

14 附田祐斗

Yuto Tsukuda

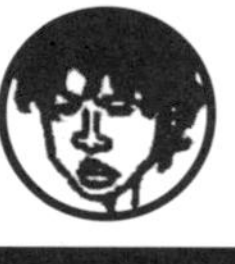

『食戟のソーマ』1巻

PROFILE 1986年生まれ。出身は福岡県。2010年に「週刊少年ジャンプ」にて、サッカーを題材にした『少年疾駆』で連載デビュー。その後、作画の佐伯俊先生とタッグを組み、2012年に連載がスタートした『食戟のソーマ』が大ヒット。TVアニメ化、ゲーム化、ノベライズなど、さまざまなメディアミックスが展開されている。

2018/1/13放送 **第29回 週刊ラジオジャンプCONTENTS**

■料理バトルが受けなかったらエロ路線になっていた!?

『食戟のソーマ』連載初期は、料理バトルが受けない場合も考えて、エロ路線にも展開できるように備えていたという。今よりも数倍エロエロになっていた未来もあった……？

★連載デビュー作は短期終了……

P116に掲載！

■連載打ち切りから『食戟のソーマ』開始までの2年間

『少年疾駆』連載終了後2年間は、印税と専属契約費で食いつなぎながら、ネームを描いては没を食らい続けていた。だがこの時期は辛いばかりではなく、新人作家仲間と知り合う機会にもめぐまれた。そのおかげで、ようやく「少年漫画とは何か」が理解できたという。

■作画担当・佐伯俊先生は、大学時代の先輩

『食戟のソーマ』作画担当の佐伯俊先生は、なんと附田先生の通っていた、大阪芸大の1学年上の先輩で、もともと知り合いだった。しかし、それぞれ別々の雑誌でデビューしていたこともあり、将来組むことになることなど、お互い夢にも思っていなかったのだった！

★奇跡が重なりタッグ結成！

P117に掲載！

■『食戟のソーマ』の言い出しっぺは佐伯先生

実は『食戟のソーマ』のアイディアを思い付いたのは佐伯先生だった！ でも料理に詳しくなく、作画に専念したいと思っていた佐伯先生は、話を作ってくれる原作担当を探していた。そこで、ちょうど次回作づくりに苦労していた附田先生が、大抜擢されることに！

★物語のアイディア出しは3人で

P118に掲載！

■附田先生のネームを拝見！

附田先生の原作ネームは、コマ割り、フキダシ、セリフ、キャラの位置や表情の指示まで描き込まれている。そんな実際のネームをスタジオで披露！ 生のネームにサンドの2人も感激！

★料理内容は森崎先生に全投げ!?

P119に掲載！

あなたにとって「週刊少年ジャンプ」とは？

いまだに脳が追いついてない場所です。
（いまだに自分が連載している実感が追いついていない場所）

2018/1/20放送 **第30回 週刊ラジオジャンプCONTENTS**

■高校生の料理大会の審査員に抜擢！

高校生たちが料理を競うイベントの審査員に参加したこともある附田先生。「料理知らないのに?」というサンドのツッコミに、卑屈になりすぎて、サンドも「そんなことないでしょ」とフォローにまわることに……。

■毎週のアンケートに一喜一憂

ジャンプの作家陣は誰もが気にしているという、雑誌のアンケートの順位。連載デビュー作で、し烈な最下位争いを経験したこともある附田先生も、やっぱり毎週毎週、順位に一喜一憂してるという。でも、「これがあるからジャンプ」だとも先生は断言する。

■伝説の21話、アンケート1位の噂の真相は……？

読者の間で、アンケート1位を取ったと噂される『食戟のソーマ』の21話。作者陣も会心の出来だったという、その回の本当のアンケートの順位は……惜しくも3位だった！ 当時の先生たちは悔しがりながらも、全力でぶつかった手ごたえを感じたと語る。

■ベスト3：飛行機の中で苦しみ続けた事件

附田先生が選ぶ「なに?この地獄!?」と思った事件の3位。「リアル食戟」であるフランス料理の世界大会へ現地取材に行けることになった附田先生。しかし、出発前に完成させるはずだったネームが、なんと1ページも描けないままフランス行きの飛行機に！ 機内での十数時間、ほぼ寝ずにネームをやるはめになったが、それでもできず！ だが、ホテルで打ち合わせし直すと、次の日おもしろいように全ページのネームがすらっと完成したという……！

■ベスト2：原因不明の高熱連発事件

「なに?この地獄!?」と思った事件の2位。2年ほど前、3、4日おきに39度5分の熱が出て、一晩で治るという謎の症状が、1カ月間も続いたという。そして、病院に行っても原因がわからないまま収束した。ストレスではないかと、先生は言うが……お体を大切に！

★ベスト1：京王線メリーさん事件

P120に掲載！

★連載デビュー作は短期終了……

伊達（以下）：附田祐斗《つくだゆうと》先生の連載デビュー作は、サッカー漫画の『少年疾駆《しょうねんしっく》』でしたが、そもそもサッカーがお好きだったですか？

附田（以下）：それがですね……僕、**サッカーのことまったく知らなかったんですよ。**

：**ええー!? すごいなそれ！**

富澤（以下）：漫画家さんって、そういうとこすごいよね。

：担当さんに「主人公のライバルが、小学生なのに『俺の夢は、日本人で初めてチャンピオンズリーグの決勝の舞台に立つことだ』って言うのを聞いた主人公が、奮起して『俺もそれやる！』って言いだす話って、どう？」って、熱く言われたんですけど……僕はまず**チャンピオンズリーグ自体、何かすら知らなくって**（：笑）

：そっからですもんね。伊達さんもわかんないですよね。

：全然わかんない。俺苦手なんすよ。

：欧州のクラブの1位を決める大会ですね。

：**マンチェスター・ユナイテッドのこと？**

：**マンチェスター・ユナイテッドのことではないですけども。**

：で、その『少年疾駆』がわりと早く終了してしまう……と。

：どれくらいですか？

：15週打ち切りですね……。

：まあまあ早いですね。

：打ち切りっていうのは、どういう風に言われるんですか？

：もう1話目ごろから「アンケートそんなによくないな……」から始まって（笑）数週間くらい前から「**今、怒涛のビリ争いをしてる」って言われて——**（：笑）

：はー。それはショックだよね。

：でもその時は、やべえとは思いながらも、どうしたらいいのかわからないし、悔しさもあるけれども「そりゃそうだろうな」という気持ちもあって。で、そんなある日、いつも打合せしている喫茶店で、**担当さんが「附田君、終わります」——と。**

：**うわーきっつ！**

：でもまあ、なんとなくわかってたのはあったんですか？

：そっすね。「ですよねー……」って。

：漫画業界的に15週で終わるってのは、どうなんですか？

：ジャンプだし、しかたねえなあって感じですかね。でも15話ってのは、単行本がちょうど2巻分出せるんですよ。ジャンプは新人でも単行本を出させて、その印税の貯金で、「次の新作を描くぞ！」という感じになるんです。

：けっこう優しい感じですね。

：4か月ぐらいで終わるってことですね。

：**チャンピオンズリーグ目指してて15話って、どうやって終わらせたんですか**（：笑）

：**終わらないですよ（笑）**。14話目で数年後とかに飛ばして（笑）最終話は、小学生だった主人公とライバルが高校生になってて、**きれいに終わる、と……**（：笑）

★奇跡が重なりタッグ結成！

：佐伯《さえき》俊《しゅん》先生とは、どうしてコンビを組むことになったんですか？

リクエスト1曲目

TVアニメ版第1期のオープニングテーマ曲！

希望の唄／ウルトラタワー

2018年1月13日(土) ON AIR!!

：それがですね、僕が『少年疾駆』の連載が決まった時に、すでに他誌で描かれていた佐伯先生に連絡したんですよ。そうしたら**新宿の「かに道楽」で奢ってくれて**（笑）

：**具体的ですね。「かに道楽」**（笑）

：その時、ちょうど佐伯先生の初単行本が出た時で「よかったらあげるよ」って単行本をくれたんです。それを仕事場に置いといたら、担当が原稿を取りに来た時に「これ何？」って聞いてきて。「この作者、僕の先輩なんですよ」って言ったら「**マジで？　絵超うまいね。紹介して**」ということになって、それがきっかけで佐伯先生はジャンプの増刊で読切を描いてデビューすることになったんです。

：引き抜かれたってことですか？

：**完璧にヘッドハンティングですね**（笑）

：佐伯先生からしてみれば「**附田君ありがとう**」ですよね。

：佐伯先生は少年誌に持ち込みしていたこともあったみたいなので、ジャンプで描けることになってテンション上がったみたいですね。

：あの時、単行本を置いてなかったら……。

：そうなんですよ。どこか歯車が狂ってたら、こうなってはいなかったですよね。

：今のコンビはなかったかもしれないという。

：かに道楽で奢られてなかったら。この話すると、いつも佐伯先生は「**あんとき奢ってよかったー！**」って言ってます（：笑）

：**かに道楽だったからよかったのかも。かに本家だったら、どうなってたか。**

：**「かに」なのは変わらないんだ。**

★物語のアイディア出しは3人で

：『食戟《しょくげき》のソーマ』は佐伯先生発信なんですね。あれ？　**それじゃあ「原作」も佐伯先生なんじゃないの？**

：あ、いや、言い出しっぺが佐伯先生ということで。……いやでも、**実は打ち合わせも、担当と僕と、佐伯さんの3人でやってて**……。

：**え？**

：佐伯さんとお互いにアイディア出しをしてて。だから、僕の肩書は、正確には「**ネーム係**」が正しいのかな……。

：うーん、話聞くと、**ただ「いっちょ噛み」してるだけのように**（：笑）大きな船に乗っているだけというか（笑）

：舵を切っているのが佐伯さんで、僕は隅っこの方で漕いでいる。

：「**小さいオールで漕いでるけれど、あいつの漕ぎでは進んでねえな**」**て**（：笑）

……って、そんなことないでしょ！（笑）

★料理内容は森崎先生に全投げ!?

：料理のこと知らなかったわけですよね。

：はい。

：それで、僕らも何度も仕事したことのある、美人料理研究家で有名な、**森《もり》崎《さき》友《ゆ》紀《き》さん**が。

：そうですそうです（笑）

：どういう風に関わっているんですか？

：**基本的に、全部の料理を考えてくれてます。**

「このキャラとこのキャラが、こういうテーマで戦うんですけど」って聞くと「このコはこんな料理で、このコはこの料理はどう？」って。

：それも森崎さんが？

リクエスト2曲目

よく引っ越ししていた頃の脳内のテーマソング

お引越し／HARCO（ハルコ）

2018年1月20日土 ON AIR!!

☆マジでがんばります！『食戟のソーマ』に噛んでいきますよ！

：**ぶん投げじゃないですか。**

：はい、「**全投げ**」**ですよね**（：**笑**）

：ちょっと待ってください？

：こっち発信のはないんですか？

：**時々はあります。**

：あのー……。（コミックス1巻を見ながら）コミックスにですね、佐伯先生と附田先生の名前がありますよね。「原作」「作画」と。そして**小さく**「協力」で森崎先生の名前が入ってますね。この字の大きさ……**逆では？　附田先生が「協力」なんでは……？**（：**笑**）

：いやこれ、森崎さんの役割がめちゃくちゃでかいぞってことになって、**実は途中**（**7巻**）**から文字の大きさは同じになってるですよ。**

：なるほど、そうなんですか。**附田先生が小っちゃくなっているわけではない？**

：**まだギリギリ**（**笑**）

：附田祐斗先生の「**なに？この地獄!?**」と思った事件、第1位は！

★ベスト1：京王線メリーさん事件

：「**京王メリーさん事件**」です。

：なんですかこれは？

：『少年疾駆』を描いていたころなんですけど。当時は京王線のつつじヶ丘に仕事場がありまして。本当ならネームが完成して、明日から作画を始めなくちゃいけないはずの日に、ネームが1ページもできていなくって、そのまま日付が変わってしまった時に、担当から「今から**歩いて**そっちまで行くから、それまでに完成させろ」と圧をかけられたんですよ。

：**パワハラ？**

：でもやんなきゃいけないのは確かですから。

：悪いのは完全にこっちなんで。集英社のある神保町から、新宿を経由して京王線沿いに西にひたすら歩き続けると、つつじヶ丘の僕の仕事場に着くんですよ。

：**まあまあ距離ありますよね。**

：その時担当が、ウォーキングを趣味にしていたのもあったんだと思いますが、**だとしても歩く？　って距離ですね。**

：普通は歩かない。

：僕もその時ツッコめてない時点で、追いつめられてパニックになってましたね（笑）それで机にかじりついてネームを始めるんですけど、数十分おきにメールが来るんです。「**今初台あたりだよ**」って。また数十分すると「**今笹塚を通過した**」**って**（：笑）

：**うわー、その情報いらねー（笑）**

：まさに「**メリーさんの電話**」だ。

：メール見ながら「**なんかこんな怪談聞いたことあるぞ**」と（：笑）

：**「もしもし、今あなたの後ろにいるの」（笑）**

：今聞くと、ネタなの？みたいな話ですけど、その時の僕にはシャレになってなくて。

：こえー。俺なら逃げるな。

：結局朝5時くらいに「今、マンションの下にいるよ」ってきて。その時ちょうどネームができたので降りていくと、担当があぐらをかいて、**肩のストレッチをしてて（笑）**

：**またすぐ歩いて帰る勢いじゃないですか。**

：それでほんとに恐ろしかったのは、その第一稿目が**ほぼ全没**になったことですね。

：**え!?**

：それで直す方向だけ決めて「一旦寝なさい」って言われて。夕方ごろまで寝てから直して、なんとか締切に間に合ったんですけど。

：**はぁぁ……大変ですねぇ。**

GUEST

15 真倉翔

Shou Makura

『地獄先生ぬ～べ～』1巻

PROFILE 1964年生まれ。愛知県出身。「週刊少年ジャンプ」でのデビュー作は、1990年連載の『天外君の華麗なる悩み』。原作者デビュー作は作画の岡野剛先生とのタッグで1993年に連載開始したヒット作『地獄先生ぬ～べ～』。TVアニメやドラマ等、メディアミックス展開された。現在『地獄先生ぬ～べ～NEO』と『霊媒師いずなシリーズ』を連載中。

2018/1/27 放送

第31回 週刊ラジオジャンプCONTENTS

★日本初のネーム原作者　P124に掲載！

■代表作『地獄先生ぬ〜べ〜』誕生裏話

真倉先生は当初「子どもを守る」という設定から少年課の刑事の話をやろうとしていたのだが、当時、除霊ブームということで、オリジナルの除霊ものをやることに。最初は読み切りで、タイトルは、『地獄先生ぬ〜ぼ〜』。同名のお菓子があったため、連載開始に当たり、ぬ〜ぼ〜からぬ〜べ〜に変更することになったという。

■ネットのない時代の怪談や都市伝説のネタ集め

元々、怖い話が好きだった真倉先生。リュックを背負って神田の古本屋街まで怖い本の買い出しに行っていた。最近はついついぬ〜べ〜がウィキペディアで妖怪を調べる場面を描いてしまい、編集者に怒られたことも。

■リスペクトするホラー・妖怪漫画家

真倉先生は、ホラー漫画なら、心底怖い楳図かずお先生を、妖怪漫画なら、やっぱり水木しげる先生を意識しながら描いている。

■『地獄先生ぬ〜べ〜』がすごく怖いワケ！

真倉先生は小学生相手だからと怖さに関して加減はしていない。子どもだってちゃんと怖がらせるよう、意図的に怖くしている。

■なんと、あの妖怪アニメの脚本も!?

『ゲゲゲの鬼太郎』の脚本を担当したこともある真倉先生。内容はねずみ男が子育てする話と鬼太郎がメイド喫茶に行ってメイドさんにポッとなる話。その2本のみで、その後は呼ばれていないとか。

★エロに目覚める読者　P126に掲載！

■メール1：アニメやドラマのチェックは？

アニメやドラマの内容は、最初に全部見せてもらえるが、作り手側の都合もあるので先生は文句を言わない。「優しすぎません？」と言われて、「妥協」と返す真倉先生。ついには「ぬ〜べ〜が有名になってくれれば元が取れるから」との本音まで飛び出した。

あなたにとって「週刊少年ジャンプ」とは？

1番接待がいい会社！　本当に接待が素晴らしいんです。でも、高級焼肉店に連れていかれるのはちょっと……（苦笑）。

2018/2/3 放送

第32回 週刊ラジオジャンプCONTENTS

★焼肉の誘いは死刑宣告　P126に掲載！

■『地獄先生ぬ〜べ〜NEO』連載のきっかけ

続編の『地獄先生ぬ〜べ〜NEO』が開始したのはグランドジャンプの編集者の中に熱烈なぬ〜べ〜ファンがいたから。編集者にも自分が昔好きだった漫画があり、やりたいと思っていることもあるため、そういう人がヤング誌に異動した時には作者が引っ張られることも。

■グランドジャンプと最強ジャンプの違いは

現在『地獄先生ぬ〜べ〜NEO』はグランドジャンプと最強ジャンプの2誌で連載しているが、その内容は全く違う。ヤング誌のグランドジャンプは大人向けに社会問題をテーマに、ターゲットが小学生の最強ジャンプは小学生向きに。だが、グランドジャンプの方は最近すっかり『地獄先生ぬ〜べ〜』の調子に戻ってしまったのだとか。

■時代と共に変化するぬ〜べ〜先生

かつてはゲンコツで子どもを殴っていたぬ〜べ〜先生も『地獄先生ぬ〜べ〜NEO』になると生徒と十分に話をした上で説得するように。

■台湾の熱いファンからのエール

台湾には台風の中でも前の晩からサイン会のために並んで待つほど熱烈なファンが多い。漫画で日本語を覚えて真倉先生に話しかけてきたファンは「先生握手して。お前がんばれよ！」。「がんばってください」と言いたかったのだろう。

■ベスト3：台湾のキャバクラで

編集者と真倉先生がキャバクラに行ったらいたのは年配の女性だけ。編集者が若い方を譲ってくれたが、微妙な気分だったそう。

★ベスト2：ニューヨークの思い出　P128に掲載！

★ベスト1：グランドキャニオンで　P129に掲載！

■メール2：原作の苦労の中で最も大きいものは

社会問題をネタにしようとしているのだが、なかなか難しいそうだ。

GUEST 15_真倉 翔 ／ サンドウィッチマンの週刊ラジオジャンプ

★日本初のネーム原作者

伊達（以下伊）：今週のゲストは『地獄先生ぬ～べ～』の原作者、真倉翔先生です。

富澤（以下富）：なんか、初対面ではないような雰囲気が。**お腹のほうが。**

真倉（以下真）：ははっ（笑）

伊：僕ねえ、単行本買ってましたから。だから今日来てくれて嬉しいんですよ。

真倉：ありがとうございます。

伊：まずは岡野剛先生とコンビを組んだきっかけをお伺いしたいんですが。

真：僕は『天外君の華麗なる悩み』という漫画でデビューしまして、『週刊少年ジャンプ』に連載していました。岡野先生も『AT Lady！』という連載をしていたんですが、**2人とも10週で終わってしまったんです。**

伊：・・ええ～そうだったんですか！ 同時期で？

真：・・同時期です。その頃のジャンプは人気がないとすぐ10週で終わっちゃったんです。

伊：・・じゃあその頃から知っていて？

真：・・いや、知らなくて。僕と岡野先生の担当が一緒で。「じゃあお前、絵描き」と岡野先生に。僕には「お前は話しか作れんじゃろ」って。

富：・・ええっ、それ言われてどうなんですか？ だって漫画描きたいんでしょ？

真：・・いや「光栄です」って。

富：・・**光栄なんだ（笑）**

真：・・いや「俺の話、面白ぇんだ」と。

伊：・・ああ、成程。

真：・・それで原作でいいかと。

伊：・・そうやって廃品利用的な、いいとこ取りで。

富：・・**いいとこ取り（笑）**

真：・・それが日本で初めてのケースで。

伊：・・なんと真倉先生は**日本初の文章を書かないネーム原作者**という。

‥どういうこと？ これ。

‥ネームっていうのはコマもほとんど鉛筆で割って、キャラクター描き込んで、台詞も書いて。だからほとんど簡単な絵の漫画なんです。漫画原作は普通は字で小説みたいに書くんですが、僕も漫画家だから文章ではなくネームの形式で初めてできたっていう。

‥すごいですねえ。

‥ちょっと変わったりするんですか？ それで渡して、漫画になるっていう時に。

‥案外変わります。 大きくして欲しかったコマとかが小さくなってるとか （‥笑）

‥女の裸がどーんと1ページになってたり。

‥それで「ちょっと岡野先生！」ってならないんですか？ 「違うよね」って。

‥ならない （‥笑）

‥あれ？ そうなんですか。

‥それはお互いに妥協しているというか？

‥妥協っていうか、岡野先生には岡野先生のいい所があって、岡野先生の絵をリスペクトしてるから綺麗に描いてもらえればそれで。

‥ほーぅ。

‥それで、妥協 （‥笑）

‥やっぱり妥協じゃないですか （笑）

‥『妥協先生ぬ〜べ〜』じゃないですか。

‥妥協先生ですね （笑）

‥僕は2人のものが足されて良くなるのであればそれで。読者が喜んでくれるのであれば、なんていう考えなんですよ。だから2人で、上手くいっているのかなという。

週刊 サンドウィッチマンのラジオジャンプ

リクエスト1曲目

丸山隆平くんがぬ〜べ〜役のテレビドラマ版主題歌

がむしゃら行進曲／関ジャニ∞

2018年1月27日土 ON AIR!!

★エロに目覚める読者

：『地獄先生ぬ～べ～』でエロに目覚めてしまったっていう話をよく聞きますよ。30代40代の人からね。「僕の初めてドキドキした経験は『ぬ～べ～』からです」みたいな。

：そうなんですか。これ学校の設定だから、ちょっとリンクするんですよね、現実と。

：体育館の体育倉庫でとか、そういう設定ですよね。ドキドキドキドキドキ。

：本当にエロい。

：ギリギリのとこでね。

：ギリギリのところでぬ～べ～先生来ますもんね、邪魔だよおい（笑）

：俺も小学校の時かな読んでたの。エロ漫画として読んでましたよ（一同：笑）

：でしょ？ みんな、そうなんだよ。

：「でしょ？」じゃないですよ（笑）

：そもそも俺、アダルトな漫画を描いていた時期がありまして。ジャンプの前は。

：え？ マジですか？

：はい。だからこういう話は得意なんです。これは俺の独断場で、岡野先生はもうちょっとソフトな感じな方なんで。

：じゃあ真倉先生のそっちのジャンル、前に描いていたやつを俺、読んでるかもしれない。

：こっちのね、今のグランドジャンプでもね。

：そう考えると、「まくら」って名前も、エロく見えてきますね。なんとか営業とかね。

：枕営業の話ですか？

：言っちゃわないでください（笑）

★焼肉の誘いは死刑宣告

：大ヒットして、およそ6年間連載が続いたということなんですけど、終わる時に集英社から何かねぎらいはあったんですか？

リクエスト2曲目

タイトルで選曲。キャバクラで女の子が歌うとか

地獄先生／相対性理論

2018年2月3日土 ON AIR!!

：ああ、連載終わる時ね……。**集英社って、絶対に高い焼肉をおごってくれるんです。**

：へぇ、そうなんですか。

：お疲れ様でしたと。

：集英社の近くに鉄板ステーキの店がありまして、会社の近くに。**そこに連れていかれると……死刑宣告みたいな。**

：ええっ（笑）

：なるほどねえ。そういうことか、逆に。

：そっちが先なんですか？　言われるより。

：そう。そこで**編集長が来たらもうアウト。**

：ああ、言われると。

：言われますね。

：うわぁ。

：そういうことなんだ。

：今、新人が聞いててビビってる（笑）
：焼肉行きませんか〜って誘われると。
：あ、俺、焼肉誘われちゃった。
：うわうわうわ！
：ああ、終わる！　って。
：そうですね。
：そうなんだ。「お疲れ様でした。じゃあ行きましょう」じゃないんだ。
：**いつも頑張ってるからね、焼肉行きますか。**
：ああ、ありがとうございます
：**で、先生実はね……**（：笑）
：そういうことなんですか。
：あまりじゃあ、いい思い出はないですね。
：ないですね（笑）初めの時なんて連載2回目で焼肉でしたからね。

☆『地獄先生ぬ〜べ〜NEO』最新刊の15巻が発売中です。よろしく！

…同じ焼肉なんですか？

…いや、そっちはまだ連載が浅かったから、普通の焼肉だった。

…ランクがあるんだ（笑）

…『ぬ〜べ〜』クラスになると鉄板焼のね、いいお肉になるけど。

…そうかあ、そういう伝え方なんですね。

★ベスト2：ニューヨークの思い出

…真倉先生の編集者との思い出、第2位は。

…「ニューヨークのストリップで。」

…ん、ん、どうしたんですか（笑）

…何やってるんですか（笑）

…昔の映画『GODZILLA』のプレミアショーで、呼ばれて行ったんですけれども。で、映画を観て、そのあとストリップ（笑）

…たしかにゴジラを見るとムラムラしますけれどもね。

…なんでゴジラを見るとムラムラするんだよ。

…ストリップ行こうかって（笑）俺

…笑

…のゴジラが火を噴くとね（笑）

…何を言っているんだ何を。

…で、ストリップ小屋に行ったんですね。

…ニューヨークの真ん中のストリップ行って、ポールダンスで迫ってきてくれるわけですよ。

…金髪美女がね。

…日本人ってなめられるんですね。ものすごい額を請求されまして（笑）編集10人ぐらいで行ったのかな？ みんなニューヨークの朝の街を歩いて帰ったという（笑）

…え、じゃあ交通費も？

…なくなっちゃった。

：そんなに!?

：わかんないですよ、俺は接待だから。でも「歩いてください」って言われましたね（笑）

：あぁ……**カッコ悪いですね（笑）**

★ベスト1：グランドキャニオンで

：さて次行きましょうか。真倉先生の編集者との思い出第1位は！

：ラスベガスのグランドキャニオンで。

：今度はエロじゃないんですね。

：いやストリップも行きましたけどね。

：行ってるじゃないですか（笑）これは？

：**この時の編集は高所恐怖症だったんですね。**飛行機も怖くてね。ラスベガスにタワーもあるんですけれどもその窓の方によらないで真ん中に立って震えてたんで、それでグランドキャニオンでしょ？　**いたずら心でグランドキャニオンの崖の横で背中ポンって押したら。**

：危な！

：**振り返ってオレ顔面をグーでバキッて。オレ、編集に殴られたの初めてです（笑）**

：よっぽどだったんじゃないですか？

：「そんなこと許しませんよ！　何やってるんですか！」ってね。**1時間ぐらい口きいてくれなくて。**

：漫画家先生を大切にするべき立場なのに。

：関係ないって思ったんじゃないですか？
「何やってるんだこの野郎」って。

：**生死がかかってますからねえ。**

：**グランドキャニオンでふざけてぽんっと、背中押す人いるんですね。**

：いやけっこう柵から離れてたんですよ。

：あっ絶対安全なところで？

：……で、ぶん殴られたと。

：ぶん殴られましたね（：笑）

：編集さんも忘れられないでしょうね（笑）

GUEST

16 大石浩二

Kouji Ohishi

大石浩二先生『トマトイプーのリコピン』1巻

PROFILE 1982年生まれ。熊本県出身。「週刊少年ジャンプ」での連載デビュー作は、2006年スタートの『メゾン・ド・ペンギン』。その後2008年に連載がスタートした『いぬまるだしっ』は、2012年まで連載が続くヒット作に。最新作は2017年から連載開始の『トマトイプーのリコピン』は、現在「少年ジャンプ+」に場を移して連載を継続している。

2018/2/10放送

第33回　週刊ラジオジャンプCONTENTS

■芸人になれるほど華がないので漫画家に

お笑いがすごく好きだが、人前でしゃべるのが苦手だった大石先生。「週刊少年ジャンプ」で始まった『すごいよ!マサルさん』に感銘を受け、漫画でもこんなに「笑い」ができるのかと思ったそう。

■絵を描くのが苦手で美術の成績は2!?

お笑い芸人ではなく、漫画家を目指そうと思った大石先生だったが、漫画は描いたこともなく、絵を描くのが一番嫌いだった。今でも、お話を作るのは好きだけど、絵は誰かに描いて欲しいそう!

★ギャグ漫画はキャラありきだからおちんちん!? P132に掲載!

■サンドの地に足が着いたネタが好き!

本当に芸人の中では〝サンドさん〟が一番好きだという大石先生。「絶対誰が聞いてもおもしろいし、シュールでもないし本当にしっかりした、実力がないとできない笑いをやっている」と絶賛!!

■サンドが漫画に出てこない理由は?

好きだというのに漫画に一向に出てこないとサンドに言われた大石先生。「勢いのネタとか、そういう芸人さんは使い……いやそう言うと敵をいっぱい作りますね」と……つまりそういうこと。

■ダンボールの上で漫画を描いていた!?

真倉翔先生からの質問「『メゾン・ド・ペンギン』を描いていた頃はダンボールの上で描いていたそうですが、今は何の上で描いていますか?」という問いに連載初期、ひとつしかなかった机をアシスタントに使わせ、自分はダンボールを使っていたけれど「今は潤ったんで、高い家具のお店のダンボールの上で」と小ボケ。

★アシスタントが急に来なくなったら停電に! P133に掲載!

■今日の出来事は〝走馬燈〟に入ってくる

大好きなサンドと、大好きなラジオで、共演できたことを喜ぶ大石先生は「今日の出来事は〝走馬燈〟に入ってきますね。ランクインします。結構長い尺で入ります」と名言を残した。

あなたにとって「週刊少年ジャンプ」とは?

僕の愛読書ですね。自分が描いてるっていう感じがなくて、普通に「月曜だ、ジャンプ読もう」という存在ですね。

2018/2/17放送

第34回　週刊ラジオジャンプCONTENTS

★週刊連載は仕事として成り立ってない! P134に掲載!

■『トマトイプーのリコピン』はぜこんな絵柄に?

伊達にどっかで見た絵と言われ「まあ、サンリオですね」と、がっつり答える大石先生。新連載の打ち合わせ時に、サンリオのクリアファイルを持っていたら、編集の大西氏に「こういう絵柄でこういう漫画にしたらと言われたとのことで先生に責任はないそう。

■鬼の編集、大西氏はキャバクラ好き

そういう事実を、漫画にもどんどん描いてしまう大石先生。「多分、今の担当編集が確認取ってるんじゃないんですか? ただそれで、ダメだと言われても描きますけどね」と、権力には屈しない宣言。

■中野編集長は男好きで乙女

中野編集長は〝男好きでホストクラブ通い〟と漫画に描いているが、実は盛っていて〝男が好き〟までが本当とのこと。大石先生も、バレンタインデーチョコやすごく高いマフラーをもらったらしい。

★ベスト1~3:インスタ!? 大喜利!? ラジオDJ!? P136に掲載!

■大石浩二のまるだしラジオ!?

サンドがゲストという体で、大石先生のラジオ番組をやってみることに。「無理です!」と言いながら、「すいません、ホントダイエット中に」とサンドさんのネタをカバーするノリノリっぷり!

■メール2:ほかのジャンプ作家に負けないこと!?

まずは「ありますかねそんなの?」と言う大石先生だが、可愛らしい絵柄なので、小さなお子様にも安心して読んでもらえる、幅広い人に読んでもらえるということに。可愛くてもブラックだが……。

■絶賛じゃなくても売れて欲しい!

『トマトイプーのリコピン』の単行本、目標は10巻以上出したいと大大宣言! ……しかし放送後しばらくたって、またも腰がぶっこわれてしまったので「週刊少年ジャンプ」での連載は終了し『少年ジャンプ+』に移ることに……が、目標に向けて連載継続!

★ギャグ漫画はキャラありきだからおちんちん!?

伊達（以下）：なんでまたギャグ漫画家になろうと思ったんですか？

大石（以下）：もともとギャグ漫画が好きで、芸人さんもずっと好きで、なにかしらギャグ的なことがやりたくて……。

：我々からすると、漫画で笑わせる、ギャグを描くというのは難しいじゃないですか。

富澤（以下）：しかも毎週となったらね。

：毎週新ネタおろしてるみたいな感じじゃないですか？

：でもお笑いって、**芸人さんのキャラクター人気**もあるじゃないですか。だからキャラクターを人気にするのが重要だったりするんです。**面白くないことも人気のキャラクターが言えばウケる**、みたいな。全力でネタ作るというよりは、そういうところじゃない部分でやっている感じですかね。

：キャラクターありきで。

：面白いんですよ。『いぬまるだしっ』ね、**おちんちん出てるんですよ**。ずっと。

：ずっと、出てますよね……。

：はい！

：**……だいじょうぶなんですか？**（：笑）このご時世に……。幼稚園生が（：笑）

：このせいで、TVアニメの話とかも、全部消えていって（：笑）

：**でしょうね。**

：いろんな話が消えて「**出さなきゃよかった**」って、3巻目あたりで気づいて（：笑）

：ましてや実写化は絶対できないですしね。

：はい！

：**ずーっと出てるんですから。**

：**ずーっと出てますね。**

：なんでそうしようと思ったんですか？

：インパクトのあるキャラが必要だと思って。鉄板だと思うんですよ、脱ぐ芸って。

：まあ、子供は好きですしね。

：少年誌なんで、男の子笑ってくれるかなって。単純にそれだけなんですけど……それが、**ずっと首を絞めることになる**とは思わなかったですけど……（：笑）

：いやでも、ギャグとかもよく浮かぶなと、面白かったですけどね。

：ほんとにもう、恐縮です。

：**おちんちんずっと出てんだもん**、だって。それだけでも面白いでしょ？

：まあね。

：**履かないんだから、ずっと。**

：**履いたと思ったら、色を塗っただけでしたから。**

：そう。**ずっとおちんちん出てるんだもん。**

：恐縮です。

★アシスタントが急に来なくなったら停電に！

：「**漫画家の漫画みたいな大事件！**」さあ先生の漫画家人生の中で起こった一番の大事件を教えてもらいます。先生、お願いします。

：**アシスタントが急に来なくなった**、という事件がありまして……。

：わ、わ、わ、きついわ。

：原稿間に合うか間に合わないかみたいな時に、来る時間にアシスタントが来なかったんです。背景全部頼んでたんで、背景を描けないことになっちゃって……背景なしだと何や

リクエスト1曲目

ラジオで偶然聴いて、気になって買った曲！

CALL／スカート

2018年2月10日土 ON AIR!!

ってるかわからないんで、**話自体を変えて。**

：えっ!?

：停電する話にしようと決めたんです。そうしたら、背景真っ暗で済むんで。

：確かに……。

：**ムリヤリ話を急に変えて、停電する回に。**

：**そんなこと、ある!?**

：その時は話をアドリブで作っていった感じですね。絵を描きながら、話考えたみたいな。

：大事件じゃないですか。

：『**いぬまるだしっ**』**6巻**の、第86回です。本当はドッジボールをする回だったんですけど……。

：「**激戦!!ドッジボール大会！**」ですね。

：2ページ目まで描いた時点で、アシスタントが来なかったんで、ここでもう終わりにしちゃったんです。

：**めちゃくちゃだ……6巻見ると雨降って中止になってるじゃないですか**（：大爆笑）

：アシスタントさんは、なんで来なかったんですか？

：全然連絡つかなくて、半年後くらいについに連絡ついて「なんで来なかったの？」って聞いたら、「**自分探しの旅に出てた**」って。

：**急に自分探されてもねえ……。**

：そうなんです。**自分を探してるアシスタント以上に、僕が彼を捜してたという**（：笑）これが一番の大事件です。

：漫画読んでて、停電の回があったら、アシスタントさん飛んだなって。

：思えばいいね。

★週刊連載は仕事として成り立ってない！

：先生は今、連載中でございますが、やっぱり大変ですか？

：**週刊連載ってもう、やっちゃいけないんじ**

連載していない時にハマったアイドルの曲！
サラバかな／BiSH

2018年
2月17日(土)
ON AIR!!

やないかって　（❂…笑）。

❂…やっちゃいけないと。

❂…仕事として、多分成り立ってないんじゃないんですかね？

❂…本当に忙しいって言いますもんね。

❂…忙しいって言うかもう、ブラックですよ。

❂…今週は、前向きな話するって……。

❂…すいません。週刊連載は全然楽ですよ。全然楽しんでやってます　（❂❂…笑）。

❂…楽はおかしいでしょ！

❂…休みはあるんですか？

❂…休みという休みはないですね。もう原稿描くか、話考えるか。

❂…常に頭の中は、そういう状況で。

❂…ボーッとしているように見えて、実は仕事しているという。

❂…なるほどね。週刊連載というのは、漫画家さんたちのある意味大きな目標なんでしょうけれども、なったらなったで大変なポジションなんですね。

❂…そうですね。ここまでとは思ってなかったんで、目指してる時は。

❂…連載途中で、腰を痛めてしまって入院したりとかはありました。ヘルニアだったんですけれど。

❂…身体壊したりはしなかったですか？

❂…座り過ぎですか？

❂…原稿描いている途中に、急に"ビキッ"といっさい身体が動かなくなって。そのまま、救急車を呼んで、緊急入院をしました。……

☆『トマトイプーのリコピン』読まなくていいんで買ってください!?

あ、それも『**いぬまるだしっ**』**6巻**の時です。

：魔の6巻ですね……入院中はさすがに描かなかったんですか？

：点滴をして、ベッドで動けずに固まってたんですよ。それを見た担当編集が最初に言ったひと言が「**今週の原稿いつあがんの？**」。

：**鬼ですね**（：笑）。

：**多分一生忘れない**と思います。

★漫画家なのにインスタ!? 大喜利!? ラジオDJ!?

：大石先生のベスト3は「**漫画家なのに、なんでこんなことやってるんだろうと思った瞬間ベスト3**」（：笑）。では第3位は！

：**インスタのための写真撮影**です。

：なんでそんなことを？

：**リコピンが、インスタをやっている**という体《てい》で、アカウントを作ってるんですよ。実際は**おっさん1人でインスタ映えするカフェ行って、スイーツ頼んで、リコピンのぬいぐるみを出して…周りの視線を浴びつつ。**

：これは、やれって言われたんですか？

：いえ、自分から。流行るかなと思ってやってるんで、インスタフォローしてください。

：続いていきましょう、第2位は！

：**大喜利**です。普通、芸人さんのフィールドじゃないですか。本当に芸人さんに対して、すごく失礼かなとは思ってるんですけど。

：森田《もりた》まさのり先生もやってたよね。

：森田先生主催の大喜利に誘って頂いて。

：でもギャグ漫画家ですから、強いんじゃ？

：それが**客を前にした笑いと、机の上で描く笑いでは、もう全然違う**んです。芸人さんの空気の作り方とか、すべったことを笑いに変えるとか、そういう技術がまったくないんで。でも、**大先輩から誘われたら断れない。**

：本当は断りたい。

：ま……出たくはないですね（：笑）

：**これ森田先生聞いてますから。もう誘われないですね。**

：誘ってください！　すいません！

：第1位は！

：**ラジオパーソナリティ**です。うすた京介《きょうすけ》先生がお昼の生放送のラジオをやるというので、そのアシスタントとして誘われたんですよ。まったく勝手がわからなかったんですけれども、「**道路交通情報をお伝えします**」とか、決まったことを言ったり……本当に「あれ？　僕なにやってんだろう？」って（：笑）

：でも楽しくなかったですか？

：楽しかったですけど、それ以上に生なんで、ミスれないという。もう**頭の中真っ白**になって。うすた先生も生放送は初めてだったので、**緊張して顔が真っ白**なんですよ（：笑）

：**なんなんすかその2人！**

：**2人とも真っ白で！**　でも後輩だからなんとかしなきゃって思って。うすた先生が噛んだところで「**ちょっとなに噛んでんですか！**」って言ったんですけど、それを噛んで（：笑）

：**地獄ですね。**

：**地獄のラジオでした。**

：**昼間っから、生放送で。**運転中聞かなくってよかったわ。**急ブレーキかけるわ。**

コントでお馴染みのあのセリフ！

専門用語を連発するリコピンに対して、頭を抱えためめちゃんが発した一言は、富澤の決めゼリフだった！　もともとお笑いが好きで、サンドウィッチマンが大好きな大石先生の、似顔絵のクオリティに注目。……というか、このコマだけなぜリアル？

GUEST 17 中井義則

Yoshinori Nakai

『キン肉マン』1巻

PROFILE 1961年生まれ大阪府出身。小学生以来の友人で、原作担当の嶋田隆司先生との共同ペンネーム「ゆでたまご」で作画を担当。「週刊少年ジャンプ」での連載デビュー作は1979年にスタートした『キン肉マン』。キャラクターを象った消しゴム「キンケシ」は当時の子どもたちの間で大流行した。現在、新シリーズが「週プレNEWS」で連載中。

2018/3/24放送 第35回 週刊ラジオジャンプCONTENTS

■キン肉マンに似ている？ 嶋田先生はテリーマン？

『キン肉マン』が大好きな2人が「目の前に今、キン肉マンがいると言っても過言ではない」と表現すると「だいぶ似てきたとよく言われる」と先生。相棒の嶋田先生はテリーマンに似てきたとのことで『キン肉マン』は「ザ・マシンガンズ」で作られているとのこと。

★相棒は小学校の同級生！ P140に掲載！

■漫画を描くきっかけは藤子不二雄《ふじこふじお》先生！

漫画の楽しさを嶋田先生に教えてもらった中井先生は、藤子不二雄先生が大好きになって漫画を描き始めた。当初は別々に描いていたが、中学校時代の共作がきっかけで一緒に描き始めたそうだ。

■悪魔超人が1週間で変わったのは未定だったから！

なんと悪魔超人は登場時にまだメンバーが決まってなかった⁉ しかもプリプリマンは中井先生が適当に描いたもの。だがこのままじゃ展開がもたないだろうということで急遽別の7人に。

■「週刊少年ジャンプ」は先が見えない⁉

ストーリーは嶋田隆司先生と担当編集が作っていたため、先のことはわからずに描いていた。当時のWJには「毎週絞り出すアイディアが面白いんだ」と力説する先輩漫画家もいた‼

★好きな超人ベスト3予想ゲーム！ P140に掲載！

■大石浩二先生も超人募集は可能？

前回34回に大石浩二先生が残した「『キン肉マン』でおこなっている超人募集ですが、もし僕が送ったら採用してもらえる可能性はあるでしょうか？」という質問に、可能性は大いにあると思います、と回答。ただし、採用するかの最終判断は嶋田先生が決めるそうだ。

■ベンキマンは中井先生の発案！

「これは超人として成立するのか？ と思いながら描いた超人はいるか」という話題の中、ベンキマンは中井先生考案と判明！ 本人は忘れていたが、後で嶋田先生に教えてもらい、思い出したそう。

あなたにとって「週刊少年ジャンプ」とは？

漫画家ゆでたまごを育んでくれた、親のような存在です。

2018/3/3放送 第36回 週刊ラジオジャンプCONTENTS

■アンケート1位のご褒美は嶋田先生だけ？

読者アンケートで初めて1位を取ったのはテリーマンとザ・魔雲天《マウンテン》が戦う巻頭カラーの回！ 強力な連載陣の中、1位を取るのは時間がかかったという。ご褒美に嶋田先生は極上ロースのとんかつをごちそうになったと聞いたそうだが、中井先生にはなかったらしい⁉

★超人強度は正直よくわからない⁉ P143に掲載！

■ベスト3：警備のおじさんに怒られた……

何でもベスト3のテーマは「作者なのに……と思った事件」。『キン肉マン』映画化第1弾の試写会に舞台挨拶で向かうと、子供たちで大行列。その横から入ろうとしたら警備員のおじさんに「みんな並んでいるぞ、横入りするんじゃない！」怒鳴られてしまう！ 子供たちに軽蔑の眼差しで見られて、くじけそうになったとのこと。

■ベスト2：声優さんに怒られた……

第1弾映画化の時、声のゲスト出演でスタジオに向かった中井先生と嶋田先生。収録している部屋の扉に手をかけたらロビーにいた声優さんに「ドアを触るんじゃない！ 今本番中だぞ！」と大声で言われてしまう！ 当時20歳過ぎの2人は見学者と思われたのかも。

★ベスト1：サイン会で並んだ…… P145に掲載！

■メール：読者との触れ合いが貴重な体験

『キン肉マン』を連載して一番嬉しかったことは？ という質問で語ったのは、難病と戦っていた子どもファンと触れ合ったエピソード。病室を訪問するとその子はとても喜び、面会中は好きな超人をたくさん描いてあげたそうだ。あまり読者と接する機会のなかった先生は、その子の嬉しそうな表情を見た時本当に嬉しかったという。

■嶋田先生は守ってくれる優しい相棒

嶋田先生について「昔から私のことを守ってくれた」と中井先生。仕事上でのミスも一切責めないし、何か助けた時もそれを口にしたりしないのだそうだ。『キン肉マン』のことで意見が合わなかった時も、嶋田先生が譲って中井先生の意見を通してくれるらしい。

GUEST 17_中井義則　　サンドウィッチマンの週刊ラジオジャンプ

★相棒は小学校の同級生！

伊達（以下伊）：原作の嶋田隆司先生は小学校時代の同級生なんですね？

中井（以下中）：小学校4年で相棒が通う小学校に転校して、そっからの付き合いです。

富澤（以下富）：お互いが漫画が好きでっていうところからなんですか？

中：そうですね、もう、50年近くですかね。

富：幼馴染と言ってもいいぐらい。

中：いえ、僕は野球少年だったんですよ元々は。嶋田のほうが、すごい漫画に詳しくて、大好きで。私の方はほとんど漫画を読まなかったんですけど、嶋田が面白そうに描いてて、それを見せてもらって「あ、漫画面白いな！」と思ったのが『キン肉マン』だったんです。

伊：え！

中：それが小学校5年生のときですね。

富：5年生の頃に嶋田先生は『キン肉マン』をもう描いていて、それを中井先生が「面白いな」と思った？

中：ええ、「あー漫画って面白いんだな」って思って、それから描き始めましたね。

富：衝撃だったのは、最初のキン肉マンってシシカバ・ブーですよね、顔が。

中：そうです、最初はシシカバ・ブーですね。

富：すっごいビックリしました。もともとはあいつがキン肉マンだったという。

★好きな超人ベスト3予想ゲーム！

富：ここで中井先生とちょっとしたゲームをしたいと思います。題して「中井義則先生の好きな超人ベスト3予想ゲーム」！我々が中井先生の好きな超人を当てたいと思います。好きな超人いらっしゃいますか？

中：そうですね、居ることはいます。

：じゃあ、王位争奪編までの超人？　3人当てればいいんですかね？

：超人を言いますので中井先生のランキングに入っていれば「今の3位です」とか「2位です」「1位です」と判定して頂いて。

：当てに行きますよ！　ラーメンマン。

：それは……3位ですかね。

：**おぉ〜!!**

：3位か〜。　1位くらいかなーと思ったけど。

：まあ『闘将《たたかえ》!!拉麺男《ラーメンマン》』もありますしね。じゃあ行きますよ。うーん……ペンタゴン。

：**おぉ!?　1位ですよ！**

：**うぉ〜!!　マジですか!?**　俺大好きだから、ペンタゴン。ウォーズマンに羽破られたとき泣きましたからね。何てことすんだと。

：えー、これ1位の理由は？

：当時はそんなに思い入れなかったんですけど。ずっとやってると「めちゃくちゃカッコいい超人だな」ってすごい好きになりました。

：どのへんくらいからですか？

：タッグトーナメント出てからですかね。

：なんでブラックホールと組ませたんですか。

：当時必ずプロレスのタッグリーグでも、ああいう立ち位置のコンビって出てくるんです。絶対優勝できないけど、ちょっとかきまわすみたいな（：笑）

：すごいコンビ組ませたな、っていうのがね。

：スペシャルマンとカナディアンマンのチームもありますよね。あれも出てきた瞬間「あ、優勝ないんだろうな」って思いましたもんね。

：ペンタゴンか～。

：やった、じゃあお前2位当てろよ、2位。

：ステカセキング。

：いやいや、違いますね。

：ステカセキングも「キンケシ」当たると嬉しかったなぁ。え～、ちょっとベタなところでテリーマン。

：**あ、当たりです！**

：おぉ～!! やったぜ、1位と2位当てた！

：俺、ロビンマスクかと思った。これは、何でですか？

：まぁ、元々はあのテリー・ファンクというプロレスラーが大好きで。やっぱりちょっと特別な思い入れがありますね。

：モデルさんがまず好きなんですね。

：テリーマンのシューズの紐がぷちっと切れると、誰かが死んだっていうのがわかる。

：不吉なことが起きるっていう。

：ペンタゴン僕当たりましたけど、アメリカの国防省、ペンタゴンじゃないですか。そんなの知りませんでしたからね。

：あー、これあのペンタゴンと名前一緒だな？っていう。

：へー、ペンタゴンと一緒だわ。しかもペンタゴンもアメリカ出身だし。真似したのかな、『キン肉マン』の、って思いましたからね。

：**私も同じです（：笑）知りませんでしたから。**

：**えー!? 知らなかった？**

：ええ。で、後で「ペンタゴンってそうなんだ」と思って（：笑）

：ペンタゴンたしかにカッコいいわ

：ペンタゴンがね、あのウォーズマンにこう、顔を刺されて。ベアクローで全身を裂かれるんですよ。あれはどんな気分で？

：いや、私もちょっとあれはやりたくなかったんですけど、**担当編集が「やるんだったら徹底的にやれ」と。ちょっと残酷に見せろっていうお達しがありまして。もう仕方なく。**

：仕方なくやってるんですか。それこそね、ブロッケンマンの、キャメルクラッチでもう真っ二つになる……。

：それも担当編集さんが。

：あれもひどい話ですね。

：もう仕方なくやりました。

：あとスプリングマンのデビル・トムボーイでウルフマンが粉々になるんですよ。

：ただの肉片に……。

：肉片になる。あれは？

：そうですね、そんなに思い入れがなかったので**普通に描きました**（：笑）

★超人強度は正直よくわからない!?

：前から我々も気になっていたんですが、超人ごとに超人強度というのがあるんですよ。キン肉マンでいうと95万パワー、ラーメンマンで確か97万パワーだったと思うんですが、テリーマンが95万パワーで。これ、超人強度＝《イコール》強さ、ではないですよね？

：まあなかなか難しいところなんですけども。例えばですね、160㎞を投げるピッチャーがいても「打てる160㎞」ってあるじゃないですか。で、140㎞でもなかなか打てない……。

：切れがいい？　とかですか。

：切れがいいとか。そういう違いじゃないですか（：笑）

サンドウィッチマンの週刊ラジオジャンプ

リクエスト2曲目

創造性を刺激してくれる、執筆前の定番曲！

Golden Slumbers／THE BEATLES

2018年3月3日土 ON AIR!!

：わかりやすい例えですね。これ。

：軽い球で160kmだったら1、2、3で打てるけども、140kmでもすごい切れのいい球が来ると空振りしちゃう、みたいな。

：絶対ではないと、そんな、強度がね。

：そういうことにしますか。

：**うーん、あの、正直よくわからないです**（：笑）

：**いやいやいやいやいや。よくわからない!?** 例えば僕自身当時小学生のとき、ものすごい気になって見てたじゃないですか。「ブロッケンJr.《ジュニア》は90万パワーなんだ……キン肉マンよりは弱いのかなぁ」とか「バッファローマン、1000万パワー出てきちゃったよ」とかね。

：でも勝つんだ、とかね。

：ウォーズマンがジャンプをするとパワーが倍になったり、回転すると最終的にバッファローマンのパワーを上回る1200万パワーでスクリュー・ドライバーしてロングホーン折ってましたけども。

：すごいこじつけですよね（：笑）

：でも僕ら、当時ものすごいドキドキハラハラして。「うわ、すげぇ、そうやってパワー上げることできるんだ！」っていう。

：私もあの原作見た時に、ホント同じようなこと思いまして。**「うわ、強引だなー」と。**（：笑）

：それは思ったんですか？

：思いました！「**ちょっと強引じゃないの？**」「**でもジャンプだしな**」**みたいな。**

：さぁ、じゃあちょっとね台本に戻りましょう（苦笑）。

★ベスト1：サイン会で並んだ……

：中井義則先生の「作者なのに……」と思った事件、第1位！

：**サイン会でファンの後ろに並んだ。**

：誰のサイン会ですか？

：これはゆでたまごのサイン会でですね。4、5年前に都内某所で『キン肉マン』の原画展と、サイン会のイベントがありまして。それで私も指定日時にその場所へ行ったんです。それで、1人で行くもんですから、入った途端、係の方に「サイン会には整理券が必要です。整理券をお持ちですか!?」とか言われたんですよ。「えっ、いや、整理券持ってないんですけど」「あ、じゃあそちらの後ろに並んでください」と（：笑）

：**「私だ」って言えばいいじゃないですか！**

：いや、なんか、いやらしいじゃないですか。

：いやらしくないです！（笑）

：「こいつら並んでるのオレのサインもらいに来てるんだよ、みんな」って。

：いや、それでちょっと面白いかな……と思って後ろにしばらく並んだんですよ。そしたら前に並んでいるファンの子が、ちょっと振り返って二度見したんですよ（：笑）それでちょっとザワザワしだして。

：そりゃそうでしょうねぇ。

：「え、マジ？」「なんでなんで？」と聞こえてくるんです。そしたらそのうちの1人が「先生、あの控室、そっちから入れるみたいですよ？」って教えてくれたんです（：笑）

：だって先生が並んでる限りサイン会始まりませんからね、まず。

：あ、嶋田はもう来てますからね。

：嶋田先生はいるんですね。中井先生控えめですね。そんなことあるんですね、実際。

GUEST

18 つの丸

Tsunomaru

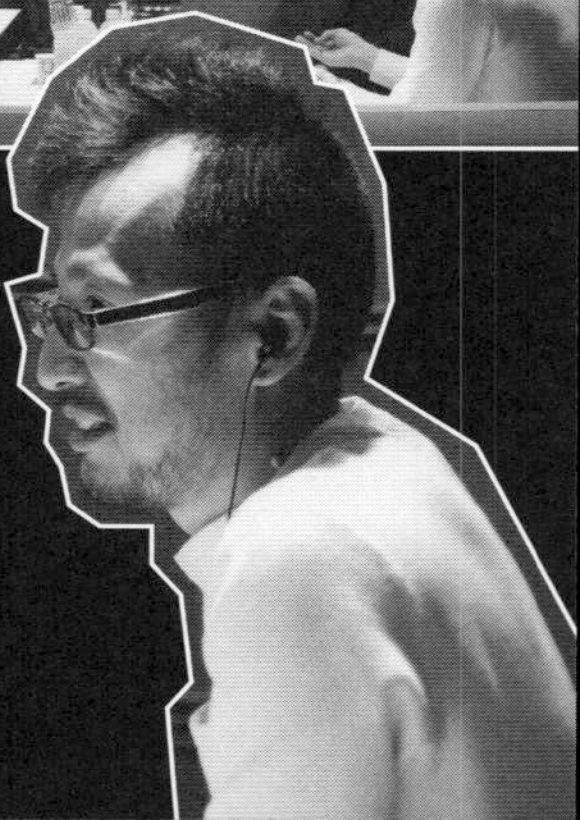

『みどりのマキバオー』1巻

PROFILE 1970年生まれ千葉県出身。「週刊少年ジャンプ」の連載デビュー作は1992年にスタートしたギャグ漫画『モンモンモン』。続いて競馬を取り上げた『みどりのマキバオー』の連載が1994年にスタートするとたちまち大ヒットし、TVアニメ化もされた。その後も続編の『たいようのマキバオー』などを「週刊プレイボーイ」で連載した。

2018/3/10 放送　**第37回　週刊ラジオジャンプCONTENTS**

■先輩漫画家から逃げ回っている!?
先輩漫画家との遭遇を避けまくっているというつの丸先生。その理由は……憧れの人たちと衝突したくないから!?

■頻繁に「アレ」が出てくる理由は?
つの丸先生の作品に頻繁に登場するおち*ちんは、真面目なお話を描いた後の反動!?　先生曰く「照れ隠し」とのこと。

■『モンモンモン』でデビュー!　なぜ動物が主人公?
動物が主人公の漫画が多いのは、人間が描けないのもあるが、何より「動物が大好き」だから。動物が喋るのは、『トムとジェリー』などの子どもの頃見ていたアニメや漫画の影響によるもの。

■ついに『みどりのマキバオー』が連載開始!
競馬が好きな当時の担当編集に提案され、それを聞いたつの丸先生は「それなら動物を主人公にしてスポ根ものができる!」と思ったんだそう。

■『たいようのマキバオーW』を描き終えての感想
10年もの間続いていた連載がついに終了!　激戦を描き終えた先生の感想は「あ〜疲れたなぁ…」と他人事のよう。

★先の展開はほとんど考えない!?　P148に掲載!

■メール1:漫画を描いていて泣くことはある?
実際に漫画を描く前の構想段階でもうすでに泣いていると言う、つの丸先生。先生としては「自分が泣いたものを漫画にしている」という認識なんだそう。

★メール2:描いていてよかったこと　P149に掲載!

■新作は「人間」が主役のドキュメンタリー!?
2018年春掲載を目指して新作を執筆中という先生。新作ではなんと主人公は動物ではなく「人間」!?　しかも先生曰く「遺作になるかも……」とのこと!?　「少年ジャンプ+」で、ぜひ読もう。

あなたにとって「週刊少年ジャンプ」とは?

青春ですね。青春のすべてです。

2018/3/17 放送　**第38回　週刊ラジオジャンプCONTENTS**

■ベスト3:絵柄に強い影響を受けた『青春絵日記』
つの丸先生の「なんでもベスト3」は「漫画家・つの丸の心の師匠的漫画」。ベスト3に「地球上の漫画で一番好きな絵」だと言う、はた万次郎先生の『はた万次郎の青春絵日記』をチョイス。あまりに絵が好きすぎて「似すぎている」と言われたことも。

■ベスト2:存在そのものが好き♥宮下あきら先生作品
ベスト2に選んだのは「存在そのものが大好き」だという宮下あきら先生の作品全般!　特に好きなのは初期の作品である『私立極道高校』と『激!!極虎一家』。

■「マキバオー」の絵まで描いて貰ったのに……
マキバオーの連載終了後、憧れの宮下先生がマキバオーのイラストを描く企画が実現!　でも「嫌われたくない」という思いから、お礼はしたけど、まだ挨拶に行ってないとのこと……。

★宮下あきら先生を批判!?　P150に掲載!

■ベスト1:漫画のバイブル!『あしたのジョー』
先生が「バイブル」だと語るちばてつや先生の『あしたのジョー』がベスト1!　そもそも先生は競馬版の『あしたのジョー』が描きたいという思いから『マキバオー』を描いていたんだそう。

■重要なキャラが8巻で死ぬ意外な理由
心の底から『あしたのジョー』をリスペクトしている先生。ジョーのライバル・力石徹が8巻で死んだことに合わせて、『モンモンモン』の主人公「モンモン」も、『みどりのマキバオー』の「チュウ兵衛」も、それぞれ8巻で死ぬようにしたとのこと。

■憧れの師匠たちとともにラジオ出演!?
ちばてつや先生や宮下あきら先生に挨拶すらしていないと言う、つの丸先生に、サンドウィッチマンから『ラジオジャンプ』でのブッキング提案が!　果たして実現する日が来るのか……?

★メール3:担当編集との思い出　P153に掲載!

★先の展開はほとんど考えない!?

富澤（以下）：つの丸先生は漫画の終わりをどうするか考えて描かれているんですか？

つの丸（以下）：**そういうのはない**ですね。いつ終わるかもわからないので。

伊達（以下）：では特に先の展開は考えずに？

：考えてないですね。まぁボンヤリとあるときはありますが。でも、必ず想定通りに行くとは限らないですし。『みどりのマキバオー』の連載中も**今描いているレースの結果変わるかもしれない**って感じでしたね。

：描いている最中のレースもですか!?

：はい。実際描いているうちに、事前の打ち合わせとは異なる結果になりかけて「**このまま行ったらこいつ負けちゃうんだけど……**」みたいなこともありましたね。

：その部分はつの丸先生が敬愛している**宮下あきら先生**と似てますね。

：**宮下先生《あのひと》もっとスゴイ**じゃないですか。

：ええ。「**翌週のことなんか考えてなかった**」って言ってましたからね（：笑）

：いやでも、その方がいいんですよ。そういうやり方のほうが、自分の限界を超える漫画が描けますからね。

：なるほど。

：週刊連載って毎週毎週の盛り上がりが大事なので。でも盛り上げた結果どうなるか、なんて**大体の漫画家が考えてない**ですよ。「**来週の俺、頼むよ**」みたいな感じで（笑）

：**今週も翌週も、自分同士ですけど**ね……

：「**これが今週の俺には精一杯だ！　来週頼むぞ！**」みたいな。でも**すぐに俺に来ちゃう**んですけどね……（：笑）

：そりゃそうですよ（笑）翌日から原稿作業あるわけですから。

：それを延々繰り返すんです。

：でも漫画家さんによっては**先の先まで展開をしっかり決めてる**みたいですよ？

：そりゃあ珍しいんじゃないですかね？

：いやこれまでのゲストの方の中にもそう言う方何人かいらっしゃいましたよ？

：……本当に？　**嘘なんじゃない**ですか？

：**松《まつ》井《い》優征《ゆうせい》先生**はそういう考えみたいですよ。

：まぁできればそれが理想ですけど……（笑）

★メール２：描いていてよかったこと

：さてここで質問に行きましょうか。
：RN《ラジオネーム》「グルメキング」さんからの質問。「マキバオーを描いていて**良かったこと**ってありますか？」

：良かったこと……？　まぁちゃんと生活できるようになったこと、ですかね……？
：……あの、すいません。**なんですかねその答え**（笑）「食えるようになった」とか**そういうことではなくて**ですね……（：笑）
：いや！　売れたんです！　売れたんです！
：それは**大前提**じゃないっすか！　そうではなくて『みどりのマキバオー』を描いていてよかったことですよ。なにか**特別な出来事があった**、とか……。
：……質問の意図がよくわからないっすね。**何言ってるのかわからない**（：笑）
：金銭的なものももちろんそうですけど、**誰かに「面白いです」って言われた**とか……。
：あんまりそういうのも……**ねえ**？

サンドウィッチマンの週刊ラジオジャンプ
リクエスト1曲目

アニメ版『ミドリのマキバオー』ED曲!!
とってもウマナミ／MEN'S5
2018年3月10日土 ON AIR!!

：**そんなすがるような目でこっち見られても僕らからは答え出てこないですからね!?**（笑）

：**TVアニメ**にもなりましたしね？

：あーアニメ！ TVアニメで**知名度が上がりましたね。**今でも**『マキバオー』描いていた、**っていうとなんとなくわかってもらえますね。

：「そうなんですか?」ってなりますもんね。

：**『モンモンモン』だけだと「えっ?」ってなります**からね。

：**そんなことはないと思いますけど……**（笑）

：**主役の声優さん**は先生が決めたとか。

：そうですね。アニメに1つだけ口を出したんですが、それが**主役のマキバオーの声優に犬山イヌ子さんを起用して欲しい、**でしたね。

：それはどうして犬山さんだったんですか？

：当時、犬山さんがラジオ番組をやっていて。その声が**イメージにばっちり**だったんです。

：もともとお知り合いだったんですか？

：いえ、彼女のラジオ番組のただのリスナーでした。当時彼女は役者さんだったので、声優の仕事はしていなかったんじゃないかな？ これ**俺すごくないですか？** そのときまだ彼女**声優じゃなかったん**ですよ（：笑）

：まぁ彼女もびっくりしたでしょうね。

：犬山氏を声優として起用したのって**俺の手柄だと思うん**ですよね（：笑）

：そ、そうですね……そうとう大きな手柄なのかもですね（笑）

★宮下あきら先生を批判!?

：**宮下先生**がお好きということは、やはり『魁《さきがけ》!!男塾《おとこじゅく》』もずっと読まれてたんですか？

：『男塾』も好きなんですけど、それ以前の方が好きですね。**『私立極道高校《しりつきわめみちこうこう》』**とか、『激《げき》!!極虎一家《ごくとらいっか》』とか。小学生のときに『私立極道高校』の単行本も買ったんです。僕の作品には「**宮蔦**《ミヤツタ》」ってキャラがいつも出てくるんです。これ元ネタが『激!!極虎一家』に出てくる、**宮下先生がご自分をモデルにされているキャラ**でして。僕がそれを**勝手に**引き継いで出してるんです。

：これは当のご本人は知ってるんですかね？

：知らないんじゃないですかね？

：言いましょうよ……（笑）

：さすがにそれはマズイんじゃないですか？

：じゃあこっちでセッティングしますよ！この「宮蔦《ミヤツタ》」を見せたら**きっと喜んで下さいます**よ。で、話を戻しますけど、先生は『魁!!男塾』も読んではいたんですよね？

：はい。キャラではＪ《ジェイ》が好きでしたね。

：おお「マッハパンチ」の。いいですね！

：でもね……俺の中では『**激!!極虎一家**』**までが、本当の宮下あきら先生だと思ってるん**ですよね……。これは、俺、**譲れないとこ**なんですよね……。

：ええ!?

：『**魁!!男塾**』**以降のキャラクターのマッチョ化が……俺としては納得いってないんです**。

：**ちょっと『北斗の拳』が入ってんじゃないかな**ーって。

：納得いってない？

：……その発言、**オンエアで使います**からね……（：笑）

：まぁ、でもたしかにね……。

：絵のタッチ的にはね……。

：**時期的にもね**。『私立極道高校』とか、『激

リクエスト2曲目

『ミドリのマキバオー』連載時のヘビロテ曲!!

OH！忙し／ニューロティカ

2018年3月17日土 ON AIR!!

☆少年ジャンプ＋で『ギャグマンガ家 人間ドックデスレース』を読むべし！

・・！！極虎一家』はあんなじゃなかったんだよね。

・・まぁ、ちょっと影響をお受けになられてたかもしれないですね。

・・**ちょっと力に頼り始めたなと**（・・・：笑）

・・そんなこと言っちゃいますか（笑）

・・いや、力に頼ったりしてないですよ・・・・これまで宮下先生と会ってなくて。というか**会わないことをオススメしますよ**、本当に！　危ないですよ！　それにしても力に頼ったりしてないですって（笑）

・・え!?　今の会話オンエアに使わないよね？

・・**使いますよ！**　集英社的には・・・・？

・・**全然オッケー**だそうです（・・・：笑）

・・・・・**責任とって**くださいね。

・・なんで俺らがとるんすか（笑）これね、宮下先生にも伝わりますよ（笑）

・・・・・違いますよ！　これはね、気に入らないとかじゃなくて、俺が『魁!!男塾』以前の作品が好き過ぎたって話ですよ！

・・あ、そこは使わないです。

・・**おまえそこは使えよ**・・・・（・・・：笑）

・・さっきの「納得いかない」発言だけを抜粋して使います（・・：笑）

・・宮下先生の『魁!!男塾』以降が『北斗の拳』の影響を受けているから違うんじゃないか、って話ですよね？

・・・・・あれ？　俺、そんなこと言いましたっけ？（・・：笑）

・・はい（笑）宮下先生の漫画を『納得がいかない』と（・・：笑）

・・言ってないっ・・・・よ？（・・・：笑）

・・絶対オンエア使おう。

★メール3：担当編集との思い出

：では先生、ここでメール行きます。

：RN《ラジオネーム》「タケマル」さんからの質問です。「編集者さんとの思い出で印象深いエピソードはなんですか？」

：これ結構色々なところで話してるんですけど、あのマキバオーって**1匹だけ変なデザイン**じゃないですか？　あれ連載前に担当と2人でいろんなタイプの馬のデザインを考えてたんですけど、どれもしっくり来なかったんです。それで何かないかと2人で打ち合わせしてたときに、**担当が手元にあった紙に馬の落書き**を始めたんです。それが、**マキバオーの原型**なんです。

：ええ!?　そうなんですか!?

：むっちゃくちゃ**絵が下手**なんです。だって「馬を描く」となった時、こうならないでしょ？

：下手がゆえにこうなったんですね（笑）

：もうこれ見て俺も爆笑しちゃって……「**それだ！**」って（笑）

：担当さんが**デザインの原案**だったんですね。

：しかも**「競馬」っていう漫画の題材持ってきたのもその人**ですからね……じゃあ俺、何やってんだろ？（：笑）

：今日はこのラジオの収録にいらして……**え？　帰った？**

：**なんで帰るんだよ**（笑）

：さっきいたじゃん！

：このタイミングで帰るのかよ……（笑）

：いやーそれにしても……『あしたのジョー』モチーフにして、担当編集に言われた通り、担当のキャラデザ使って競馬描いて……**改めて、じゃあ俺は何をしてたんだ**って（：笑）

GUEST

19 *Satoshi Ikezawa* 池沢早人師《さとし》

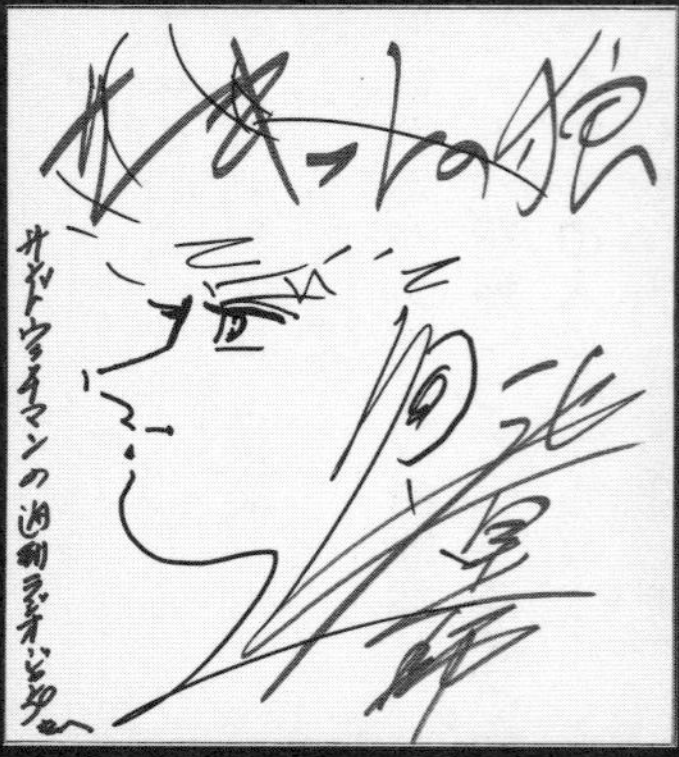

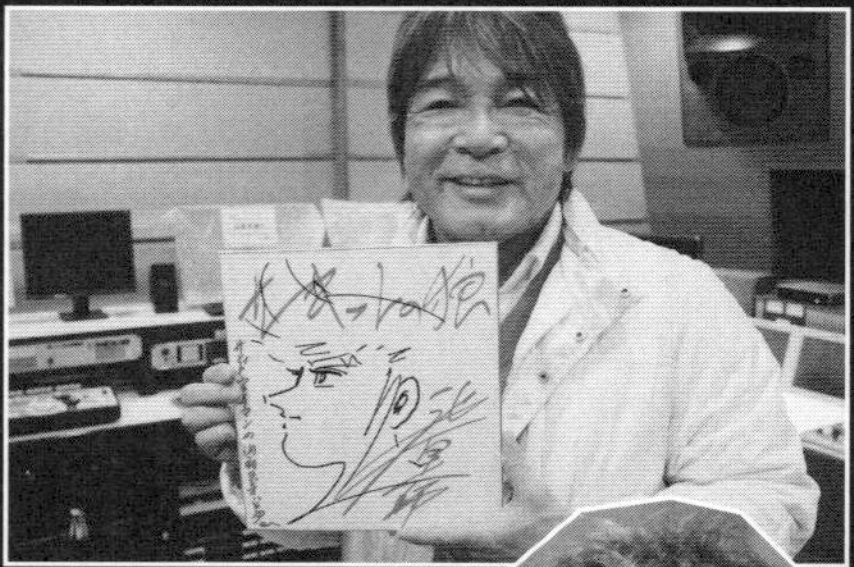

『サーキットの狼』1巻

PROFILE 1950年千葉県生まれ。1975年に「週刊少年ジャンプ」で連載がスタートした『サーキットの狼』が大ヒット。社会現象となったスーパーカーブームの火付け役に。現在は小説家としても活躍中。漫画家40周年を記念して開館した茨城県神栖市の「サーキットの狼ミュージアム」には、作品中に登場したスーパーカーがずらりと展示されている。

2018/4/7放送

第41回　週刊ラジオジャンプCONTENTS

■いらない車はありません

つの丸先生からの「いらない車あれば1台ください」というメッセージを池沢先生は「欲しくて買った車だから思い入れがある」と一蹴。ただし「よほど魅力的な女性だったら貸すかも」とのこと。

★ブームの到来を目の当たりに

P156に掲載!

■ベスト3：あこがれのカンヅメ体験

原稿が遅れている作家が出版社近くの旅館やホテルに閉じ込められる通称カンヅメ。普段、誰よりも早く入稿している池沢先生だが、漫画家になったからにはぜひ噂に聞くカンヅメを体験したいと思い、自主的にカンヅメになってみた。その結果、1週間もかからないうちに2本分の原稿を仕上げてしまった先生。編集者に「台割※が間に合わないから、待ってください」とお願いされてしまった。

■ベスト2：火を噴く車ランボルギーニ

モータージャーナリスト的な事もやっていた池沢先生はヨーロッパのランボルギーニ本社で当時最新のランボルギーニ・ディアブロSVに感激。帰国してすぐに同じ色の車を購入した。だが、ノーマルだと音が小さくて物足りなくなり、ストレートマフラーを装着。するとアクセル踏んで、離すとマフラーから燃えなかったガソリンが炎となって出てくる車になり、池沢先生は大喜びしていた。

■ベスト2：大物芸能人とランボルギーニで

車仲間である俳優の唐沢寿明氏、山口智子氏とドライブに行った帰り道、池沢先生は唐沢氏に車を交換してもらうように頼んだ。ランボルギーニ・ディアブロのマフラーから出る火は運転している人間にはよく見えないので、外からじっくり見てみたかったのだ。最初はマフラーから飛び出す炎に喜んでいた池沢先生だが、炎は大きくなってきて、ついに車が半分消えて見えるほどに。ふと、もしこのまま車が燃えてしまって大物芸能人である唐沢氏と山口氏に何かあったらどうなるんだと気づいた池沢先生。すっかりビビリまくり、一刻も早く交代地点に到着して欲しいと必死になっていたそうだ。

★ベスト1：鈴鹿サーキットの大事故

P158に掲載!

あなたにとって「週刊少年ジャンプ」とは？

好きな事をやらせてくれた女……
あ、違う(笑)……雑誌!(笑)

2018/4/14放送

第42回　週刊ラジオジャンプCONTENTS

■無意識に違う漫画の主人公の顔を

WJを卒業してフリーになった池沢先生は仕事が増え最も多忙な時期には週刊誌2本、隔週刊誌1本、月刊誌2本の計5本を同時連載していた。そのためいくら筆の早い池沢先生でも1日18時間仕事してあとは寝るだけという生活に。ある日アシスタントに「主人公の顔違うんですけど」と指摘される羽目に。複数の作品を同時に考えていたため、無意識に別の漫画の主人公を描きこんでいた。

★車庫のために作った家

P159に掲載!

■漫画少年のように小説をたしなむ

池沢先生は現在、小説家としてレーサーの物語を書いている。今の夢は漫画少年だった頃のように小説をたしなむことだそうで、「文章1つで全部の世界を表現できたらいいな。読んでくれた人にシーンが浮かぶと言ってもらえたら嬉しい」と力強く語ってくれた。

★収入源は原稿料だけじゃない

P160に掲載!

■メール1：若者の車離れについてどう思う?

池沢先生によれば車離れの最大の原因はごく普通の人達が車を所有するほど稼げないからではないかとのこと。今はスマホ等、無料で楽しめる娯楽も多いが、もっと若い人に夢を持って欲しいそうだ。

■憧れたレーサーの夢を主人公に託して

昔、レーサーの風戸裕氏に憧れていた池沢先生だったが、その風戸氏は先生の目の前でレース中の事故により落命してしまう。風戸氏の夢をせめて漫画の中で叶えたいと思った池沢先生は、風吹裕矢と名付けた主人公で、レース漫画『サーキットの狼』を描いたのだ。

■舞台の脚本に挑戦中

現在、池沢先生は舞台の脚本を書いている。これももちろんレーサーモノ。舞台でレーサーの話なんて想像がつかないが、それを見せるいい方法を思いついたのだそうだ。どんな方法かはまだ内緒だが、脚本はほぼ完成していて、車のシーンの演出も頼まれている。色々あるので上演は来年以降になるかも。丁度デビュー50周年だし。

※台割：雑誌の設計図

★ブームの到来を目の当たりに

伊達（以下）：今週のゲストは『サーキットの狼《おおかみ》』の池沢早人師《いけざわさとし》先生です。

池沢（以下）：よろしくお願いします。

富澤（以下）：カッコいいですね先生。服が。

：ピンク色で前ビカビカ光ってますね。僕もそういうの好きなんです。さて先生が立役者となりましたスーパーカーブーム。振り返ってどうですか？　すごかったじゃないですか。

：僕ね、けっこう原稿早いんで3日、4日であげちゃうんですよ。で、自分の愛車乗り回して、土曜日は**青山、銀座、渋谷とかナンパ……いや、車談義をして回って**（：笑）週末は必ずドライブ。箱根方面が多いんですけど。漫画が始まって半年ぐらい過ぎてから東名のサービスエリアとか環八通りとかに、スーパーカーを見たい子どもたちがどんどん増えてきて。**目の当たりにしてたんですよね。「何か来てんな」みたいな感じで。**

：自分が書いている漫画がきっかけになっているんだなってわかりました？

：子どもたちが一生懸命熱中してるんで。カメラ持ってね。ブームって言うか、社会現象的にいろいろなテレビやら新聞やらに取り上げられるようになったのは、僕が気づいてから半年後ぐらいでしたね。

：ちょっと遅いですね。

：タイムラグがあるんですけど、生で目の当たりにできたんですよ。そういうのは遊びまくってるから（：笑）あ、いや、勉強してるから（：笑）

：こもってるとわかんないですもんね。

：漫画にあったみたいに女の子から「ちょっとその車乗せてよ」ってあったんですか？

：ありましたね。カウンタック乗っていた時にガソリンスタンドとかで乗せて欲しいって。「憧れの車です」って、ありましたね。

：男子ももちろんスーパーカーにはまるけど女の子も好きでしたよね、スーパーカー。

：好きな人いたし……だいたい車談義で土曜日集まってたんですけど、中にはナンパ野郎もいて、たまーにはつきあうんですよ。

：ホントですかぁ（笑）

：**3台で行くと、女の子のよく集まる表参道とか新宿界隈で車3台並べるんです。ナンパ師的なヤツが3人連れの女の子に声をかける。で、普通だったら声かけた奴が1番いいの選びたいじゃないですか。それを我々は車3台女の子にどれに乗りたいかを選ばせるんです。**

：うわーすげぇ。

：もうシステムが出来てるじゃないですか。

：たまにですよ。

：そのまま乗せたら、いただいちゃえる？

：ドライブですね。ドライブ（笑）

：先生はモテて、車もいい車乗って。あっちの方もね、相当素晴らしいんでしょうね。

：ぷっ！（笑）どういうことですか。

：じゃないと無理じゃん。そっちに自信ないとナンパって出来ないんだよ。

：なるほどね。

：お前あんまやんないでしょナンパ。

：僕はまあ自信はありますけどね。

：**でも基本的に僕は漫画の糧になればという感じで仕事熱心にがんばってたんです。**

：**それは先生、言い訳ですよ**（：笑）

サンドウィッチマンの週刊ラジオジャンプ

リクエスト1曲目

実写映画『サーキットの狼』の主題歌を選曲！

サーキットの狼／子門真人

2018年4月7日土 ON AIR!!

★ベスト1：鈴鹿サーキットの大事故

：池沢早人師先生の初体験第1位は。

：鈴鹿サーキット130R《アール》での大クラッシュ。

：鈴鹿で、大クラッシュ。

：これ一応名誉のために言っておきますと、その前年の1992年にポルシェカレラカップが開催されまして、**僕は初年度の初代チャンピオンになれたんですよ。**

：え？　先生が！

：すごいじゃないですか。

：で、調子に乗ってる翌年の第1戦鈴鹿サーキット。130Rってところ、速い車はアクセルを戻すか戻さないかで行くんですよ。早く抜けるドライバーがやっぱり称えられるんですよ。で、取材で「練習中にね、130Rのスピード毎周上がっていくんですよね」なんて生意気なこと言ったんです（笑）そうしたら、そこでやっちゃいました（笑）

：ええー。

：事故の全部は記憶ないんですね。後でテレビの映像で見てわかったんですけど、ドリフトして滑りながら縁石も超えてタイヤバリアに当たって飛び上がっちゃって、ひっくりかえった拍子《うち》に、そのまま下に落っこったんです。レースの車には消火器積んであるんですが、その消火器が僕の頭に当たったんです。

：えー！

：病院に連れていかれたらしいんですが覚えていなくて。**言ってることが支離滅裂だったそうで**。でも、事故の前の晩にホテルに女の子から応援に行けないってファックスが来てたんですよ。なぜかそのファックスを自分の荷物のバッグの中に入れてたんです。それで事故ったじゃないですか。その後に荷物を家に送るよって言われて「**ちょっと待て！　バ**

ッグの中にファックスが入っているからそれを処分しといてくれ」って病院の人に言ったらしいんですよ。**意識ないのに**（：笑）

：無意識に（笑）警戒してたんですね。

：**本能なんです。恐ろしいもんですね。**そのファックスも事故の1つの原因だったかもしれない。レースクイーンが4人ぐらいいたんですが、全然好みの子がいなくて。で、愛想も悪い。普通だったら、「がんばってね」ぐらい言ってピット離れるじゃないですか。それもない。ムカムカしてスタートしたんです。

：ああ、不安定だったんですね、情緒が。

：**安定剤みたいなモンですね、女性が。**

：普通であれば良かったんですが。

：**何なんだあのレースクイーン。俺を誰だと思ってるんだ！　あーやっちゃった！**

：全然集中出来ていない。

：**ファックス捨ててねー！**（：笑）

：車、女……ね、先生（笑）

★車庫のために作った家

：お家は何台ぐらい車止められるんですか？

：中に4台、外に5〜6台（：笑）

：**ファミレスじゃないですか（笑）**

：お客さんが来ても大丈夫なように。

：あわせて10台（笑）都内ですか？

：都内です。杉並区。

：**都内に10台も停められるお家が（笑）**

：車庫のために作ったみたいな家です。1階は全部車庫みたいな。

サンドウィッチマンの週刊ラジオジャンプ

リクエスト2曲目

レース出場前にテンションを上げるために聴く
Flashdance...What a Feeling／Irene Cara

2018年4月14日土 ON AIR!!

☆舞台の脚本をやっています。時期はまだ不明だけれど、よろしく!

：すごいなあ、億万長者ですね。

：夢だから、**29歳までに何とかしようと。**

：30前に?

：**フェラーリ、ポルシェ、ランボルギーニ、ロールスロイス、ベンツを手にするんだっていう思いが強かった。**

：それ全部叶えたんですか? 29歳で。

：**そこがピークだったから**（：笑）

★収入源は原稿料だけじゃない

：さあ、ここで池沢先生には番組の収録に当たりまだ表には出ていないここだけの話を用意していただきました。

：池沢先生のここだけの話。漫画家の収入源は原稿料だけにあらず。

：ん? え? 漫画家の収入源っていうのは原稿料だけじゃないですか。

：原稿料、印税とか、あるいは商品《グッズ》が出ればロイヤリティですよね。**そこへプラスαのものを考えて生み出したんですよ。**

：なんですかプラスαって。

：**漫画にスポンサーをつける。**

：え?

：僕はレースをやってたじゃないですか。レースマシンってスポンサーロゴが入っているのをご存知ですよね。雑誌の「スーパージャンプ」でF1《エフワン》の話を描くことになって、だったら広告塔みたいにやっちゃった方がいいよねって。当時はF1ブームで、スポーツ新聞には、F1の記事が多かったんです。だから、そこの裏一面にどーんってF1マシンのイラストを描いて、ボディとかウイングとかにスポンサー名を入れて、「F1の漫画連載するけどどう？　スポンサーにならない？」みたいにやったらすごいオファーが来たんですよ。

：え〜!!

：たしかにすごいな。

：車をメインとする漫画だからこそですね。

：あとは僕がそういう世界を知ってたから。

：知り合いも多かったし。

：それでスポンサー収入が入って来ると。

：男性化粧品の「柳屋《やなぎや》」と「クロネコヤマト」がスポンサーになってくださいまして。クロネコヤマトには実際《ホント》のレーサーがスポンサーを頼みに行っているらしいんですよ。だけど本物のレースってケガすることもあるし、いつも勝てるわけじゃないじゃないですか。宣伝効果考えた時どうのって話があったらしくて。**「僕の漫画は主人公の乗る車で、大活躍しますよ」って**（：笑）

：言えるかなそれが。そりゃそうですよね。

：間違いないですよね。

：出版社にも、スポンサーマネーを分けてね。

：先生すごいわ。やり手。

：ビジネスマンでもあるもんね。

：僕ら漫才のスーツにTBSラジオってばーんって入れてさ「全局出ますよ」って。

：全局出れないと思うよ、それは（笑）

：サービス精神旺盛だから、当時連載してた「週刊プレイボーイ」の『サーキットの狼《おおかみ》Ⅱ《ツー》モデナの剣《ケン》』にもレースシーンになったらロゴ入れてやってたんですよ。

：ええ〜。

：すごい。それで、またお金頂いて？

：いやそこは僕のサービスで。

：**それこそラジオジャンプも描いてください。お金は払いませんけど。**

：**払えよ、スポンサーなんだから（笑）**

GUEST 20 高橋陽一

Yoichi Takahashi

PROFILE 1960年、東京都葛飾区生まれ。「週刊少年ジャンプ」での連載デビューは、言わずとしれたサッカー漫画の金字塔『キャプテン翼』。1981年から連載されたこの作品が大ヒット。世界中の子どもや選手に愛され、日本のサッカーの歴史そのものを変えた。現在、『キャプテン翼 ライジングサン』をグランドジャンプに連載中。

『キャプテン翼』1巻

2018/4/21 放送

第43回　週刊ラジオジャンプCONTENTS

■「この番組を聞いたことはありますか?」の問いに

高橋陽一先生の答えは「ちょっと何言ってるかわからないです」。スタジオは大きな笑いに包まれ、サンドの2人も大喜び!

★サッカーよりも野球のほうが好きかも!? P164に掲載!

■本宮ひろ志先生の仕事場を突然訪問!

中学時代は卓球部、高校時代は野球部だった高橋陽一先生。漫画は小学校の時から鉛筆で描いていて、友達に見せたりしていたそうだ。中学校の時に、本宮ひろ志先生の仕事場を突然訪問! しかし、アシスタントに門前払いされてしまったという。

■平松伸二先生のアシスタント時代

18歳の頃に描いたサッカー漫画『友情のイレブン』が週刊少年ジャンプの月例賞の佳作を受賞。それがきっかけで担当に紹介してもらい、漫画の技術を学びたいと平松伸二先生のアシスタントに。

★翼は山の中に住む自然児だった!? P165に掲載!

■連載打ち切りの可能性もあった!?

『キャプテン翼』がアニメ化されて、ようやくヒットを確信できたという高橋先生。連載開始当初は、打ち切りも覚悟していたそうだ。

■ゆでたまご先生は仲間でありライバル!

「同世代で幼い頃見ていた漫画も一緒だと思うし、感覚も似ていたかもしれない」と高橋先生は振り返っていた。

■新作TVアニメでは翼がスマホを持っている!

2018年4月よりTVアニメが装いも新たにスタート。現代的な変更が施されつつ、高橋先生が脚本をチェックしているそうだ。

■メール1:翼を描くときに大事にしていることは?

シュートが決まる瞬間や、そこに至るまでの過程の描写など、サッカーの醍醐味であるゴールシーンは、特に気合が入るそう。ちなみに、必殺技のネーミングは言いやすさとカッコよさで決めている。

あなたにとって「週刊少年ジャンプ」とは?

子どもの頃は夢があって毎週楽しみにしていた雑誌でしたが、いざ漫画家になって入ってみると、そこは戦いの場でした

2018/4/28 放送

第44回　週刊ラジオジャンプCONTENTS

■『ライジングサン』に出して!

過去には芸人の鉄拳が登場したこともあるという『キャプテン翼』。「じゃあ!」と、自分らの出演をおねだりするサンドの2人だった。

■世界中に翼のファンがいる!

アルゼンチンのメッシやイタリアのデル・ピエロなど、海外の一流選手も『キャプテン翼』のTVアニメを見ている。それを聞いた高橋先生は「率直に嬉しかったです」と語る。翼をスペインのFCバルセロナに移籍させたところ、ライバルクラブのレアル・マドリードの会長が「なんでウチに入れないんだ!」と発言したという。

■『キャプテン翼』はJリーガーの愛読書!

中田英寿氏も『キャプテン翼』を読んで、砂場でオーバーヘッドキックを練習した。中田氏がセリエA・ペルージャ在籍時代にオーバーヘッドキックで決めたゴールについて、高橋先生は「翼だ! と思いました。僕の漫画が少しは参考になったかな」と語っていた。

★『ライジングサン』は集大成となる作品! P166に掲載!

■ベスト3:反動蹴速迅砲《はんどうしゅうそくじんほう》

好きな必殺技のベスト3がこの技。相手のシュートをそのまま打ち返し、その反動を利用してより鋭いシュートを打つ。中国の選手が最初に使った技なので、ネーミングは漢字を前面に押し出したそう。

★ベスト2:フルメタル・ファントム P169に掲載!

■ベスト1:オーバーヘッドキック

空中にあるボールを地面を背にして逆さの状態で蹴る、翼の代名詞といえる必殺技。バイシクルシュートという言い方もあるが、オーバーヘッドキックのほうがカッコいいかなと思いこの名前に。

■メール2:南葛小学校の名前は先生の母校が由来?

これは本当。高橋先生が通っていた東京都立南葛飾高等学校が通称で南葛と呼ばれていたので、この名前になったそうだ。その縁もあって、同校のサッカー部のユニフォームやエンブレムを考えたという。

★サッカーよりも野球のほうが好きかも!?

伊達（以下）：これはね、衝撃発言ですよ。

富澤（以下）：ウソでしょ（笑）

：先生、本当ですかこれ。

高橋（以下）：サッカーは当然好きなんですけど、子どもの頃は野球少年だったので。

：**子どもの頃は野球少年だったんですか！**

：まあでもね、『キャプテン翼《つばさ》』きっかけでサッカーが浸透しましたから。

：先生は周りにきっかけは与えたけど、別に自分はそんなに……ということですか、先生

（：笑）

：**高校生の時に、アルゼンチンで開催されたワールドカップを見て、そこからサッカーが好きになったんです。**子どもの頃は野球がずっと好きで、それは今も変わらないので、歴史的には野球のほうが好きな期間が長いかな

（：笑）

：ちなみにですけど、お気に入りの球団はあるんですか。

：僕は日本ハムファイターズが。

：ファイターズですか！　まあまあ、先生はそもそも東京出身で、日本ハムも以前は東京を本拠地にしていたので、その頃からずっとファンだった……と?。

：そうですね。

：**じゃあ先生、今日は野球の話しましょうか**

（：笑）

：野球の漫画は、描こうと思わなかったんですか。

：野球の漫画も描いてはいるんですけど。『エース！』という。

：それは、あんまり……。

：あんまり、はい（：笑）

：自分《サッカー》はやってなかったという。

：これは衝撃ですよ。

：みんなびっくりして、ラジオ消しちゃった人もいるんじゃないの。

：**つけてください。**

★翼は山の中に住む自然児だった!?

：連載のネームが通るまで、1年くらいかかったんですか。

：はい。才能がなかったんですかね。

：**いやいやいや。どの口がおっしゃってるんですか（：笑）**

：試行錯誤していましたね。

：翼君の設定もいろいろ悩まれたそうなんですが、**山の中に住んでいる自然児という、そんな設定も選択肢の中にあったんですね。**

：あれ、イメージ違いますね、これね（笑）

：これにしなくてよかったですね。

：しなくてよかったです（笑）

：こんなに特殊な……『プロゴルファー猿《さる》』みたいな。

：『DRAGON BALL《ドラゴンボール》』の悟空みたいな設定ですね。

：いろんな設定があったわけですか。

：最初は翼君が中学生だったりとか。

：なんで小学生になったんですか。

：**日本をワールドカップで優勝させようと決めたときに、そうすると小学生の頃から鍛えていかないとダメかなと思ったんです。**

：結末までは、自分の頭の中には構想があったんですか。

サンドウィッチマンの週刊ラジオジャンプ

リクエスト1曲目

1983年のTVアニメ化時のOP主題歌！

燃えてヒーロー／沖田浩之

2018年4月21日(土) ON AIR!!

：目標としては日本のワールドカップ優勝というのがありました。

：その頃はまだＪリーグ開幕より全然前で、世にサッカーをやってる子たちもまだそんなにいない頃だよね。

：『キャプテン翼』からですよ印象としては。

：昨今のサッカーブームの火付け役という自覚みたいなのはあるんですか。

：**多少は貢献できたかなと**（：笑）

：どのくらいから来ているなというのがあったんですか。

：ＴＶアニメになってからですかね。

：やっぱＴＶアニメ大きいんですね。

：見てましたもん、ＴＶアニメも。

：友達と「じゃあ俺、オトミ・ハインツ・シュナイダーな」とか言いながら（：笑）

：そういう時期あるよね。ドンピシャですからね我々は。

：**俺の友達も「俺からボールを取ってみな」って走り出して、転んで骨折するっていうのもありましたし。**

：**くだらない友達が多いですね**（：笑）

：それだけ影響がありましたよ。

★『ライジングサン』は集大成となる作品！

：これまた面白いですね先生。オリンピックで、翼《つばさ》君、岬《みさき》君、日《ひゅう》向《が》、若島津《わかしまづ》、若林《わかばやし》、三杉《みすぎ》君とみんないるんです。

：昔から見ていると、みんな集まってきて、同じチームになっているから、余計興奮しますよね。

：あの時のメンツが、素晴らしい人たちがバッと集まっているわけですから。

：翼君のパスを、日向が決めるみたいなシーンもあるわけですよね。

：ありましたね〜。

：『キャプテン翼』の、集大成の気持ちで描いているので、ぜひリアルタイムで見ていただければと思います。

：U―23の、23人のメンバー選びも大変じゃないですか。

：大変ですね。

：それは、いろんな周りの意見も聞きながら決めるんですか。こいつは入れといたほうがいいですよ、とか。

：こいつはいらないんじゃないとか（：笑）

：いや、そこは独断で選んでます。

：先生は誰が一番好きなんですか。

：その時描いているキャラクターに感情移入するんで、そのキャラクターに一番思い入れが強くなるんですけど。

：石崎《いしざき》君が入っていたのが嬉しかったですね。

：あ、石崎君は好きですね。

：いて欲しかったから、嬉しかったですね。

：顔面ブロックでおなじみの。

：なんで必ず顔面なんだろうと思いましたけどね（：笑）

観客席にサンドの2人が！

2週目のオープニングトークでたっぷり前フリをして、高橋先生に漫画出演をお願いしたサンド。後日、観客席を描いたコマに、2人の姿が！ラジオ収録当日に伊達が着ていた「キャプテン嶋」Tシャツも描かれている。

☆浦和美園《うらわみその》駅に『キャプテン翼』のステンドグラスが展示中！

：代表レベルなのか！　と思ってましたよ（：笑）でも、入っているから嬉しいですよ。

：立花《たちばな》兄弟は入ってなかったですね。

：予選でケガしちゃったんですよ。

：そっかー。そこ見てないんだ。

：**なんでですか。なんでケガさせるんですか（：笑）**

：それも、先生の独断ですよね。

：そうですね。

：立花兄弟は入れて欲しかったな～。

：でも、立花兄弟がケガするのを覚悟で、スカイラブハリケーンを打ったことで本戦に行けるという話なんです。

：そっか、考えてるなあ～。

：**気分じゃないんだよ（：笑）スカイラブハリケーン描くの面倒くせえなあとかじゃないんだよ（：笑）**

：翼君もめでたく結婚もして、まさかあのままあの子と結婚するんだみたいなところもね、ありましたよね（：笑）

：**わかんないですよ、途中から不倫とかね。**

：**いや、そんなどろどろの関係にならないだろ！（：笑）**　先生やめてくださいね、不倫なんて。時代に合わせないでいいよ、そこは（：笑）

：コロンビアの、きれいなサポーターとかと不倫とか。

：やめてくれ、不倫は。先生、構想はあったりしますか。

：ないです、今のところ（笑）

：やだよ不倫とか。それはさあ、漫画では。

★ベスト2：フルメタル・ファントム

：「キャプテン翼の好きな必殺技」第2位は「フルメタル・ファントム」！

：すごい名前だな、これ。

：これはどういった技ですか。

：反動蹴速迅砲《はんどうしゅうそくじんほう》に似ているんですけど、『ライジングサン』に出てきた新しい技なので、最近気にいっている感じですね。

：**これが俺たちの合体技！　名付けて、フルメタル・ファントム！**

：**違う違う。男塾名物になってる。そんな言い方じゃないでしょ。わかんないけど（笑）**

：男塾名物になってた？　閃光が走りますからね。

：これも、シュートをシュートで打ち返すものですか。

：**そうですね。それと、いろんな必殺シュートをちょっとパクっているというか。**

：**パクってる!?**

：これまでに出てきた必殺シュートを……雷獣シュートだったり、トルネードシュートだったり。ミックスされている感じの。

：最強のシュートだ。

：ネーミングを考えるのも結構大変ですよね。

：そうですね。

：フルメタル・ファントムはどこから来たんですか？

：**なんとなく（：笑）**

：**マジですか！**

：それっぽいかなと（：笑）

：結構そういう感じですか。響きでつけてる。

：危ないですよ。『男塾《おとこじゅく》』みたいになってきますけど。そのうち、学帽被ったやつが出てくるんじゃないですか。富樫源次《とがしげんじ》みたいな。

：そこは大丈夫でしょ。

GUEST 21 *Big Joe*

ビッグ錠

『包丁人味平』1巻

PROFILE 1939年生まれ。大阪府出身。「週刊少年ジャンプ」での連載デビューは、原作者の牛次郎先生とタッグを組んだ料理マンガ『包丁人味平』。1973年からスタートしたこの作品が大ヒット。その後数々の料理・グルメマンガやテレビでの料理対決番組に大きな影響を与えた。

2018/5/5放送

第45回　週刊ラジオジャンプCONTENTS

■大阪出身でお笑い好き！

『包丁人味平』の連載開始は、サンドウィッチマンの2人が生まれる前。今年78歳のビッグ錠先生は、子供の頃から吉本の漫才で育ってきた大阪人で、サンドの漫才も好きだった。これには2人も感激！

■「シニアジャンプ」発行!?

池沢早人師先生からの「シニアジャンプを作ってお互い描けたらいいですね」というメッセージに、先生は「リュウマチ勝負」や「年金勝負」など、シニア向けのアイディアを出して意欲を見せる！

■友だちの誘いで、高校時代に貸本漫画でデビュー！

中学時代の漫画友だちに「貸本漫画で描かないか」と誘われて、学校に通いながら描いた作品でプロデビュー！　この友だちがいなければ、ビッグ錠先生は、漫画家になっていなかったかも？

■『包丁人味平』の原作者・牛次郎先生との出会い

貸本漫画の衰退で、ビッグ錠先生は一旦漫画家を辞めてデザインの仕事をしていた。しかし再び漫画家をめざして上京。そして漫画原作者・牛次郎先生を紹介され、このコンビでパチンコを題材にした『釘師サブやん』を連載し、漫画家再始動！

■大阪人と江戸っ子のタッグで『味平』スタート！

コテコテの大阪人・ビッグ錠先生とチャキチャキの江戸っ子・牛次郎先生の一見合わなそうなタッグは大成功！　『釘師サブやん』を見たジャンプの編集長が、「釘師がいけるなら、料理人もいけるだろう」と声をかけ、ついに『包丁人味平』がジャンプで連載開始！

★『味平』は料理漫画の元祖！　P172に掲載！

★『味平』執筆はキャッチボール？　P172に掲載！

■おいしそうな料理を描く秘訣とは？

ビッグ錠先生の描く料理は、破天荒だがとてもおいしそう！　その秘密を聞くと、広告の仕事をしている時に教わった、食べ物を美味しく見せる効果や、キャラクターの反応にあると明かしてくれた！

あなたにとって「週刊少年ジャンプ」とは？

私を思いもよらずとんでもない夢の国に乗せて連れて行ってくれた乗り物ですね

2018/5/12放送

第46回　週刊ラジオジャンプCONTENTS

■今の料理漫画について思うこと

今や漫画の一大ジャンルとなった「料理漫画」。その原点とも言える『包丁人味平』を描いたビッグ錠先生は、『味平』を始めた時、ある程度は広がるとは思っていたけど、ここまでになるとは思ってなかった」と振り返る。料理も時代とともに大きく変わり、今は普通の人も料理に詳しくなって「みんな僕より詳しいし、今ある料理漫画のようにウンチクも知らない」とも……？

■汚いラーメン屋がうまい!?

ウンチク豊富な今の料理漫画と違って、常識外れの破天荒な料理の多かった『包丁人味平』などの先生の料理漫画。富澤さんがぽろりと言った、「汗で味付けする」エピソードもその一つ。ファンの伊達さんも思わず「きったねー」と思ってしまったそのアイデアだが、先生の「汚いラーメン屋はうまい」という経験則からの発想だった。「味は雑菌」という先生の名言（？）も飛び出した！

★伊達さんの思い出の作中料理　P174に掲載！

■ベスト3：「義経の火祭焼きカブト造り」

先生が選んだ「テレビで再現して失敗したメニューベスト3」の第3位が『一本包丁満太郎』のお好み焼き勝負で登場した「義経の火祭焼きカブト造り」。漫画では、お好み焼きに生きたカニを入れてバーナーで焼くと、カニが暴れてハサミが飛び出て、源義経のカブトのようになる料理……だったが、現実はカニがすっかり諦めて、お好み焼きの中で微動だにせず。

■ベスト2：「空洞おにぎり」

「テレビで再現して失敗したメニューベスト3」の第2位は、これまた『一本包丁満太郎』に登場した「空洞オニギリ」。漫画では、凍らせた醤油を入れたおにぎりを焼くと、中が空洞になって、そこにお茶を入れてお茶漬けのように食べられた。だが実際に再現してみると、溶けた醤油がご飯全体にしみこんで、おにぎりがバラバラに崩壊してしまった。

★ベスト1：「ブラックカレー」　P176に掲載！

★『味平』は料理漫画の元祖！

伊達（以下）：『包丁人味平《ほうちょうにんあじへい》』は、なんと**料理漫画の「元祖」**なんですよ。僕は料理漫画が好きなんですけど。うえやまとち先生の『クッキングパパ』なんかも大好きで。

ビッグ錠（以下）：ああ、うえやまとち先生とはよく会ってますよ。

：僕たちのライブにも見に来てくださったりするんですよ。

：僕と違って真面目にレシピを作ってますよね。**僕のは嘘ばっかりですから**（笑）

：でも、ビッグ錠《じょう》先生が、牛次郎《ぎゅうじろう》先生と『包丁人味平』を始めてなかったら、もしかしたら**料理漫画っていうジャンルが、まだできてなかった**かもしれないですからね。

：でもまあ誰かがやるような時代の流れではあったとは思うんですけどね。

：先駆者ですからね。

富澤（以下）：そうですよねえ。

：**レジェンドだなあ……。**

：でも始めた時は全然人気なかったんですよ。

：そうなんですか？　『包丁人味平』が？　**これ、今見ても面白いですよ！**

：料理対決が始まってから人気が出たんですか？

：そう。僕は西部劇が大好きだったもんでね。それで対決をさせたんだけども。

：だからなんですか！　先生の作品では必ず対決しますもんね。

：だからよく「**僕のは料理漫画じゃなくて、格闘漫画です**」って言うんだけど（：笑）

★『味平』執筆はキャッチボール？

：『包丁人味平』は、牛次郎先生から来た原作を、そのまんま描く感じだったんですか？

：いやいや。牛さんとはよく「キャッチボールしようや」と話してたね。

：あーなるほど。

：活字を書く人が抱くイメージと、絵を描く人の抱くイメージは、やっぱりちょっと違うんですよね。例えば、原作で「ダイコンを包丁でトントントンと刻んだ」と描いてあるとすると、絵にするこっちは、プロの包丁の握り方から調べなくちゃならないわけですよ。そうやって調べてくうちに、新しいアイデアが出てきたりするじゃないですか。それこそ『味平』の最初の、魚が骨だけで泳ぐのとか。

：（三枚に下ろして）**骨だけになった魚が、生《い》け簀《す》に戻すと泳ぐ**……っていう。

：そんなこと実際にできるんですか？

：**できるわけないでしょ**（：笑）

：**わかれよお前も！**　できるわけないだろ。**内臓もないんだから（笑）**

：いつも**少年の気持ち**で読んでるから。

：まあたしかに、**小さい頃は信じてた（笑）**

：いや、でもところがね。面白いことに、最近**これをやる人が、実際に出てきた**んですよ。

：**ええー！　マジですか!?**

：僕もまだ行ってはないんですけど、大阪に1人いるんですよ。今は結構有名になった人らしいんだけれども「やりますので是非見に来てください。ただし1日に1人にしかやりません」って、呼ばれているんですよ。でもちょっと高そうだからまだ行ってない。

：**そこは行っときましょうよ！**

サンドウィッチマンの週刊ラジオジャンプ

リクエスト1曲目

ビッグ錠先生の青春がしみ込んだ歌！

Oh! Carol／Niel Sedaka

2018年5月5日土 ON AIR!!

：当時は「こんなのできるはずない。……でも、誰かやるかもな」ぐらいだったんですけど。

：できるんだ……。

：大阪に1人いるんだ。

：もともとは、当時どこかのホテルがショーでやってたんですよ。ただし、半身で。半身なら泳ぐんですね。だから牛さんの原作でも半身だったんです。

：それをちょっと大げさにしたと。

：半身って、絵にするとなんかみっともないんで、骨で泳がした方が、面白くなるなって思って。で、それをいかに本当にありそうに描くのかが、こっちの技術で。そっと生け簀に入れて、初めは動かない。底まで沈んで、そこへ親父が酒をちょろっと入れると……**って、こんなん嘘ですよ**（**笑**）でもホントらしく見えるじゃない。詐欺師ですよ（笑）

：それで信じちゃうんだよねえ。

：「**こんなことできるんだー！**」って。

：それでみんな騙されて……後にそれが出来ちゃう人が出てくるって、面白いですね！

：ええ、**夢は叶うんですよ。**

：**いいように言いましたね**（**笑**）

★伊達さんの思い出の作中料理

：僕、先生の漫画がホント好きで。『スーパーくいしん坊』の話になりますけど、「**三丼**《さんどん》**フライ**」って覚えてますか？

：**知らない……**。忘れてましたよ（：笑）

：知らないっていうから、**違う人の漫画のこと言っちゃったかと思ったよ。**

：違ってないと思います（笑）……でも、**どんなんでしたっけ？**（：**笑**）

：主人公の香介《こうすけ》が作るんですけど、**カツ丼と天丼と親子丼を1つのフライの中に閉じ込めて、ピラフで囲って、それを揚げる**んです。

リクエスト2曲目

疲れた時に聴くと元気が出る思い出の曲！

ミスター・ボージャングル／ハリー・ベラフォンテ

2018年5月12日(土)
ON AIR!!

：あー。

：描いた覚えあります？

：いや……でも、**そのパターンはけっこうやりましたんで**（笑）

：**パターン**（笑）で、スパゲッティの茹で方なんかもね、茹でながら**スパゲティを1本、壁にぶつけるんですよ。**

：（笑）

：で、それが落ちてくる時間で、ベストの茹で加減を測るんですよ。

：あー。それは実際ありそうですね。

：それはね、僕が子供の頃、母親が料理屋に勤めててね、帰ってきたらその店の話をしてくれたんだけど、その料理屋さんに飯炊きのおじさんがいて、当時は釜で炊いてたんだけど、蓋開けて米粒を1つとって、指ではじいて天井にくっつけるんですって。それが落ちてくる速度で、炊き加減をはかってたと言うんです。それを覚えてて応用したんですよ。

：それで、スパゲティを壁にぶん投げることに！　**俺何回か壁にぶん投げましたよ。**

：**食べてみればいいんじゃないかと思いましたけどね。**

：**1回噛めばいいんですけどね**（笑）しかも**落ちてくる間もずっと茹でてますからね**

（　：笑）

：そうだよな（笑）でもかっこいいじゃない。食べさせられるほうは、うまそうだなあって思うじゃない。

：たしかにそうですね。

☆秋に横須賀でお芝居を！ いつか「ミュージカル味平」もやりたい！

：あれは面白かったですねえ。

★ベスト1：「ブラックカレー」

：ビッグ錠先生が告白「テレビで再現して失敗したメニューベスト3」第1位は？

：これは僕のファンはみんな知っているやつですけれど。「**ブラックカレー**」という、カレー勝負に出てきた料理です。

：これは『包丁人味平』のですね。実はこの「ブラックカレー」のエピソードに関しては、牛次郎先生でなく、**ビッグ錠先生がストーリーを考えた**と？

：描いてるうちに**僕の方が暴走しちゃったんですよ**（**笑**）原作からどんどん離れちゃって（：笑）そのうち牛さんから「**もういい、勝手にやれよ！**」って。あの人もそういう人なんで（笑）

：**そーだったんですか！**

：「ブラックカレー」ちゅうのも、まず名前からきてね。「ブラックコーヒー」とか、「ブラックチョコレート」みたいに「ブラックカレー」ちゅうのをやってみたいなあって思って。で、これを作ったのが、主人公と対決するライバルの、鼻田っていう…。

：**鼻田香作**《はなだこうさく》ですね。

：**鼻に、変なサイレンサーみたいのつけてね**（**笑**）これ見たとたん、**牛次郎さんが離れたんですよ**（：笑）

：**「なんだこれ」**って。

：**「何をしとるんだ」**って。

：名前に「鼻」「香」って入ってて…。

：とにかく**鼻に特化した人**で。モヒカンでね。

：で、最後に彼は「**スパイス中毒**」で**おかしくなって**しまうんですけど。これがいつのまにか麻薬を使っているとかいう、変な噂が立ちまして……（笑）

：**「俺は神様よ。そう、カレーの神様だ。クアーッカッカカカ」**って（笑）

：おかしくなってしまうという。

：これを再現したのは、テレビではなかったんだけど、僕と土山《つちやま》しげるさんとうえやまとちさんと倉田《くらた》よしみさんとでね、イベントで勝負をすることになって。2回くらいやらされたんちゃうかな。

：**やらされた（笑）**

：それで、結局、毎回僕は失敗してたんですけど、ブラックカレーをどうやって再現しようかなと悩んで。ある時は、**ヒジキ**を使えば黒くならないかなと思ってやってみたんだけど、ヒジキは煮ても黒くならないんですよね。

茶色くなってくるばかりで（笑）

：**全然「ブラック」じゃないですね。**

：それで次は**イカスミ**はどうだろうと思ってやったんだけど……。

：あー、それはよさそうじゃないですか。

：いや、あれは黒くはなっても、**冷めたら生臭くなって**しょうがないんですよ。

：へー、そうなんですか。

：スパゲッティではありだけども、カレーではダメなんだなと。そういうわけで、僕は未だにまだ完成してないんですけど……もう今では、ブラックカレーっていっぱい売ってますからね。

：ありますよね。

：ブラックカレーの成分見たら炭とかいろいろ使っていますね。

：そんな**ブラックカレーの走り**ですからね！

GUEST 22 嶋田隆司

Takashi Shimada

『キン肉マン』1巻

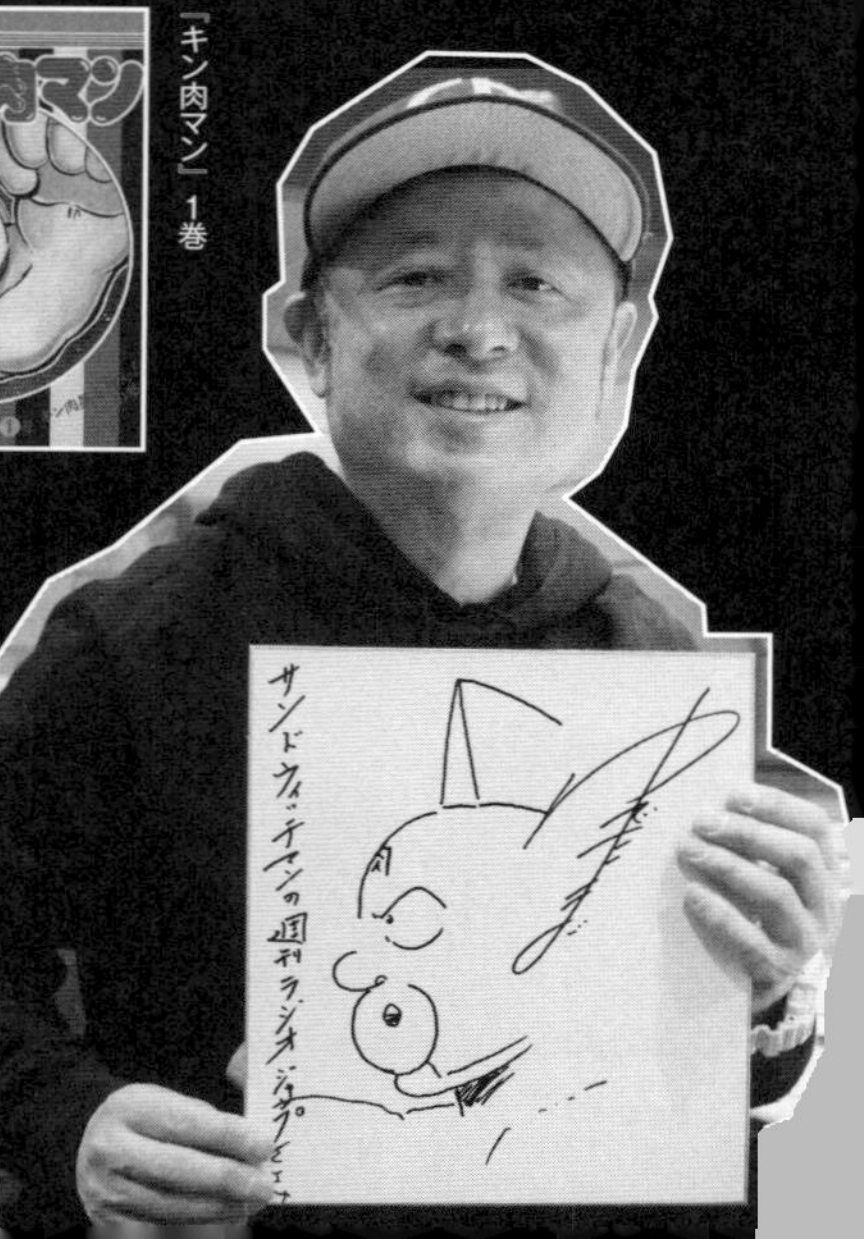

PROFILE 1960年生まれ大阪府出身。小学生時代の同級生で作画担当の中井義則先生との共同ペンネーム「ゆでたまご」で原作を担当。「週刊少年ジャンプ」での連載デビュー作は『キン肉マン』。1979年にスタートしたこの作品は大ヒットし、マルチメディア展開が行われた。現在『キン肉マン』の新シリーズが「週プレNEWS」で連載中。

2018/5/19放送

第47回　週刊ラジオジャンプCONTENTS

■中井先生とは毎週金曜日に対面で打ち合わせ

休みのタイミングが違うため、金曜日の夜中におこなう打ち合わせでしか会わないという嶋田先生と中井先生。その打ち合わせは毎週必ず行われるという。なお、中井先生はお酒を飲めないので、お酒はなしの真面目な打ち合わせでアイディアを考えているとか。

■ビッグ錠先生に勧める大阪グルメは?

第46回のゲストのビッグ錠先生からのメッセージ「大阪で一番美味い食べ物はなんですか?」に対して、嶋田先生がオススメしたのは「串カツ」! 大阪に帰ったら必ず新世界で串カツと土手焼きを食べているそう。『キン肉マンⅡ世』でもサンシャインが串カツを食べるシーンがあり、読者の間に「串カツ」ブームが起きたらしい!?

★キン肉マン誕生は小学校4年生!　P180に掲載!

■コンビ結成のきっかけは同じ団地に住んでいたこと!

嶋田先生の学校に転校してきた中井先生は隣のクラスだったが、なんと引っ越し先が同じ団地、同じ階だったのだ! 学校の行き帰りが一緒になるので、漫画の話をしたり、ノートに描いた漫画を見せたりしているうちに仲良くなっていったそうだ。

■中井先生が初めて楽しんだ漫画はキン肉マン!

嶋田先生がノートに描いた『キン肉マン』を読んでゲラゲラ笑っていたという中井先生。出会った当時の中井先生はほとんど漫画を知らず、漫画の原体験が嶋田先生の『キン肉マン』とのこと! その後、中井先生は嶋田先生を真似して『キン肉マン』を描きだして、「盗作だ!」と隣のクラスに殴り込みに行ったこともあるらしい!

★一緒に漫画を描いたら険悪に!　P181に掲載!

■好きな超人ベスト3予想ゲーム!

中井先生の時と同じく、嶋田先生の好きな超人を当てるゲームに挑戦! 結果、3位はウォーズマン、2位は悪魔将軍、1位はキン肉マンとのこと。しかし今回は苦戦して、2位の悪魔超人を当てるまでにヒントをもらったうえで11人もかかってしまった……。

あなたにとって「週刊少年ジャンプ」とは?

人生の学校ですね。ジャンプでいろんな事を教わりました。
社会経験がなかったんで、なかったら僕らもここまで来られなかった。

2018/5/26放送

第48回　週刊ラジオジャンプCONTENTS

★ベスト3:連載打ち切りのピンチ　P182に掲載!

★ベスト2:広東麺で大火傷　P184に掲載!

■ベスト1:キン肉星王位争奪編でヘルニア発症

王位争奪編で3か月休載した理由は、嶋田先生のヘルニアだった! 当時こたつで仕事していた嶋田先生は、左足が痛いので病院にいったらヘルニアの診断が。どうやら、胡座をかいていたのが原因らしい。当時「週刊少年ジャンプ」では連載を休むことはタブーだったが、痛み止めを飲んでも痛みが引かない状況。編集長に「休ませてください」と直訴したところ、編集長も病状を認め休みをくれることに! 読者に対しても申し訳ない気持ちで、涙が出る想いだったという。

■メール:超人オリンピックがもう一度見たい!

超人オリンピックがもう1度見たい、東京オリンピックの2020年に再び開催してください、というメールに対し、嶋田先生も「またやりたい」と回答。現在の『キン肉マン』新シリーズはシリアスな展開が続いているが、たまにギャグもやりたくなるとのこと。

■必殺シリーズに出演経験あり!?

時代劇の『必殺仕事人』シリーズが大好きだという嶋田先生。主演である藤田まことさんとの対談も実現し、その際に「そんなに好きなら出てみるか?」と誘われ出演することに! ちょい役などではなく、その回のほぼ主役級の扱いで驚いたそうだ。肝心の役柄は、薬草に付けた「ゆでたまご」売りを表の商売にしている仕事人。殺しの技はゆでたまごを額に投げ、当てて殺すというものだった。

■47年間つきあう中井先生とは運命の出会い

小学生の頃から中井先生とタッグを組んで47年。住んでいた団地で出会わなければ『キン肉マン』もなく、運命を感じているという。現在は週に1回しか会わないが、長い付き合いで中井先生のことは大体わかるらしい。週に1回行っている金曜日の打ち合わせも、漫画のことは1時間くらいで、あとは少年時代の思い出話に花が咲くという。嶋田先生曰く、そういった「無駄話」で何度も盛り上がっていると、中井先生と気が合うことを再確認するのだとか。

★キン肉マン誕生は小学校4年生！

伊達（以下）：小学校4年生の頃から、もうすでに『キン肉マン』を描いていたと。

嶋田（以下）：**描いてました！** 学校の休み時間に答案用紙とかの裏に漫画を描いて。みんなを集めて、ストーリー喋って笑わせるっていうのが好きだったので。

富澤（以下）：ちょっと紙芝居的な。

：そうですね。子どもって筋肉を笑っちゃうじゃないですか。それで『キン肉マン』。

：その時点で漫画家になろうと思ってた？

：その時点では思ってなかったですね。5年生になって、思い始めましたね。

：4年生で『キン肉マン』描き始めて、5年生でもう漫画家になろうと思っていた？

：その頃は既に『キン肉マン』なんですか？

：『キン肉マン』です。4年生の時だから『キン肉マン』の「筋」っていう漢字がわからないから……。肉だけ知ってたんですよ。

：**それでカタカナなんですか！** 漢字じゃなくて良かった気がします（：笑）

：ホントにそうなんですよ。こう、綺麗じゃないですか。シンメトリーで。

：「キン」の部分が漢字だと印象違いますよね。ただの筋肉のおじさんみたいな。

：前に聞いてビックリしたのが、最初は顔があの、シシカバ・ブーだったんですね。

：そうです、シシカバ・ブーが原型ですね、キン肉マンの。

：その頃もういた超人っているんですか？

：いや、いないです。……あ！ **オカマラスがいます**（：笑）子どもの考えそうなことでしょ？ 筋肉だとかオカマって。

：同級生スゴいだろうね。「アイツ本当に漫画家になった！」っつって。

：「これ見てたヤツじゃん」みたいな。

：感動するだろうね。

★一緒に漫画を描いたら険悪に！

：ひとつ屋根の下で2人生活してると、なんか仲悪くなってきて。不穏な空気になって。

：そんな幼馴染みでも？

：一緒に住んでしまうと、いちいちやることに腹立つんですよね、相棒の。

：そんな時期あったんですね。

：それで、漫画もすごい人気だったんですよ。でも、**僕辞めたいって言い出して。**

：**えぇ!?**

：担当編集の中野《なかの》和雄《かずお》さんに「もう漫画家辞めたい」って言ったんですよ。でも人気あるから、中野さんもこれを手放すわけにいかない。それで……「役割分担しよう、中井君が絵を描いて、キミはストーリー作る」って。

：それ言われた時どんな感じだったんですか？ **「え？ オレの絵は？」**みたいな。

：その時に、中井君のほうが絵が上手いですし、中井君1人でやったほうが早く原稿上がるっていうのがわかってきたんですよね。

：そこで、じゃあ分担しようと。

：仕事場も別々にしたほうがいいって言って。大阪にいたんですけれど**「まず中井君だけ東京においで。で、嶋田君は大阪に残って」**と。

：**何すか、そんなに離す必要あります？（笑）**

：中井君は東京で1人暮らししたかったみたいなんで、僕は1年経ってから東京に。

サンドウィッチマンの週刊ラジオジャンプ

リクエスト1曲目

代表作『キン肉マン』のアニメ主題歌！
キン肉マン旋風（センセーション）／串田アキラ

2018年5月19日土 ON AIR!!

：**1年も!?**

：ファックスもない時代ですから、ずっと原作描いて、航空便で送ってましたもんね。その日に着くんですよ。で、中井君は東京で受け取って、中野さんと一緒に原作見ながら、打ち合わせする、という感じだったんです。

：ひとつ屋根の下に住んでいたのに、急にそんな離されて……なんか、逆に上手く行きそうにない気がするんですけど？

：これがですね、別々に住んで別々の仕事を役割分担でやったら、結構上手く行くようになったんです。やりやすかったです、すごく。

：でも我々、このアイドル超人サンドウィッチマンもですね……。

：**誰が、アイドル超人サンドウィッチマンだよ！**（笑）

：仙台から上京して板橋区のアパートに。

：板橋ですか！　僕らも最初は板橋区だったんです。東武東上線沿いの。

：僕らは有楽町線でした。そこに10年間一緒に住んで1回も喧嘩もせず。

：嘘！　1回もしなかったんですか!?

：しなかったです。そういうパターンもあるんです（：笑）

：素晴らしいですよ。ホント仲いいですよね。

：なんかっつーと友情パワーでしたよ。僕が風邪引いた時は、富澤が10万パワーをこう。

：分ける。**でも、だってオラは人間だから。**

：**おまえも人間じゃねーか！**

：良かったそこで辞めなくてホントに。

：ホントにねぇ。

★ベスト3：連載打ち切りのピンチ

：「ゆでたまご」嶋《しま》田《だ》隆《たか》司《し》先生の原作者人生を振り返っての修羅場、第3位は？

：アメリカ遠征編で**連載打ち切りのピンチ。**

：え!?　まさかの連載打ち切りのピンチ!?

：ハワイ編くらいまでは結構人気あったんですけれど、アメリカ本土に渡りまして、スカルボーズとか、ブラック・シャドーとかあの辺が出てきたあたりからちょっと人気が。

：ランキングでわかる下がり方ですか。

：それまで5位か6位だったんですけど、10位くらいにドーンと下がって。僕、もう大丈夫だっていうんで東京出て来たんですよ。そのときに（：笑）

：出て来なきゃよかった、みたいな。

：毎年恒例のお正月号に漫画家が全員集まる表紙ありますよね?　担当編集者に「来年、キミたちこの写真の中に居ないよ」って言われまして。「もう連載打ち切りかもしれないね、アメリカ編が芳《かんば》しくないんだよね」って。

：結構ガッツリ言われるんですね。

：落ち込みましたね〜、それは。

：タッチもアメコミタッチでやって。

：中井君ものすごくアメコミに傾倒してまして、その絵の変化も悪かったみたいで。アメリカの3団体が対抗戦をやっていくっていうのが、子供には響かなかった、まったく。

：ホントのプロレス寄りになってきてる。

：慌てて「こりゃまずい、立て直さないとダメや」っていうんで、また怪獣退治編に戻したり、キン肉マンが巨大化したり。それも人気がなくて、もう本当に負のスパイラル。**だからその時は新聞で、求人広告とか見てましたもん。次の仕事考えないとダメやなって。**

サンドウィッチマンの週刊ラジオジャンプ

リクエスト2曲目

出演を果たした大好きなドラマシリーズ主題歌

荒野の果てに／山下雄三（「必殺仕掛人」テーマ曲）

2018年5月26日土 ON AIR!!

☆『キン肉マン』最新刊63巻＆『キン肉マンジャンプ』好評発売中!!

・・あのあたりからぐいっと引き込まれましたよ。

・・主人公の戦う理由がはっきりしてないと、漫画ってダメなんですよね。あの時はバラバラになったミート君の体を取り戻すために戦う、それが読者に明確だったんで。

・・アメリカ遠征編はちょっとフワフワしてる。

・・戦う理由がないじゃないですか。アメリカのテリトリーを奪還するために戦うって、子どもにはもうひとつ、響かないですよね。

・・マジですか!?

・・結構追いつめられてますね。そこから第2回、超人オリンピック。

・・編集長が「キミたちこれから『キン肉マン』どうしていくつもり？」って聞きに来たんですよ。それで口からでまかせで「**もう1回超人オリンピックやります！**」って言ったんです。そしたら編集長が「よし、わかった。ちょっとやってみな」って。そして2回目の超人オリンピックやったらぐぁぁ～っと。読者はこういうこと待ってたんだなっていうのが。

・・そっから悪魔超人、悪魔六騎士が来て。そっからもうずーっと、順調な？

・・7人の悪魔超人編はもうすごく人気ありましたね。

・・100万回くらい読んでます（笑）

★ベスト2：広東麺で大火傷

・・続いて「ゆでたまご」嶋田隆司先生の原作者人生を振り返っての修羅場、第2位は？

・・広東麺で大火傷。

・・どうしました？

・・急にどうしました？（笑）

：**修羅場ですよ？**　広東麺ね、食べますけど。

：僕、仕事場で自炊しながら仕事やってるんです。今から5年前くらいかな？　お腹空いたんで、自分で片栗粉いっぱい入れて、もうグラグラな広東麺作って。

：自炊であんまり広東麺いかないですよね？

：片方に広東麺もって、片方にご飯持って。

：**ガッツリ（笑）**

：で、ちょっと気を許したらふとともが痛いんですよ。「**痛ぁ！**」**って見たら広東麺が全部左の太ももの上に**（：笑）

：こぼしたってことですか？　広東麺を？あのとろみで熱を封じ込めてる、広東麺を。

：だから熱いんじゃないです、**痛いんですよ**（：笑）すぐに水で洗い流して、それでも痛みが治まらなくて救急車呼びました。

：えぇ～!?

：広東麺こぼして救急車呼んだんですか。

：火傷ですか。

：暮れだったんですが、火傷ですから通院で大丈夫だって言われて。頑張って仕事やって、そっからゆっくり休もうと思ったんです。それが大きな間違いで、**感染症になりまして。**

：えっ！

：で、また病院行ったら先生が「これ、入院ですよ、感染症起こしてます」って。蜂窩織《ほうかしき》炎《えん》っていうですけど。**1か月入院しました。**

：広東麺こぼして1か月入院したんですか!?

：大手術です（：笑）

：笑い事じゃないですよ、先生ね。

：だってYahoo！ニュースになったんですから。「**ゆでたまご、火傷**」（：笑）

：止めてください自炊。片栗粉入れ過ぎです。

：ホントにこの時は治るかどうかわからなかったんで、ちょっと引退考えましたね。

：広東麺こぼして（：笑）

GUEST

23 コージィ城倉

Cozy Jokura

『プレイボール2』1巻

PROFILE 1963年長野県生まれ。1989年『男と女のおかしなストーリー』でデビュー。森高夕次名義での原作も含め『砂漠の野球部』『おれはキャプテン』『グラゼニ』『江川と西本』など、野球マンガを数多く手がける。現在は故・ちばあきお先生の名作『プレイボール』の続編を連載中。

2018/6/2放送

第49回　週刊ラジオジャンプCONTENTS

■奥様はサンドウィッチマンのファン！

冒頭から、奥様がサウンドウィッチマンの大ファンであることを告白。普段は有名人との取材にも全く興味を示さないのに、今回だけは別だったとか。伊達&富澤を好きすぎるあまり、スタジオに来られなかったという奥様、次回はぜひ！

★どうしたら似せられる？

P188に掲載！

■絵や設定を変えず、続きを描くのがコンセプト

『プレイボール2』のコンセプトについて、「ちばあきお先生の後を引き継いで、絵や設定を変えず完全なる続編を描く」と説明。自らが生粋のちばあきお先生ファンであるだけに、ファンの気持ちを推し量り、自分自身も納得できる続編を世に送り出すべく、日々努力を重ねている。

★自分から続きを描かせて欲しいと提案

P189に掲載！

★ここだけの話：WJ創刊を漫画化!?

P190に掲載！

■お気に入りのプロ野球選手は!?

野球漫画を数多く手がけるコージィ城倉先生。これまで数多くの野球選手とも対談しており、監督に就任する以前の読売巨人軍・高橋由伸選手に会った際は「将来監督をやるのでは？」という鋭い質問を投げたことも。その時は高橋選手が「ぼくGM（ゼネラルマネージャー）がやりたいんですよ」と冗談で返したものの、自身も監督の夢があったのではと語る。『グラゼニ』ではヤクルトスワローズ、楽天イーグルスをモデルとした球団を登場させており、同じく大の野球好きで楽天ファンである伊達と大いに盛り上がる！

■アニメのEDには一家言あり！

自分の作品がアニメ化される際、主題歌アーティストをリクエストするほど、音楽好きのコージィ先生。とくにエンディングは本編の内容と関係なくオシャレな曲がかかっていて欲しいとのこと。なお、アニメ『グラゼニ』で主演声優を務める落合博満氏の実子・落合福嗣氏についても「彼以外は考えられない」と太鼓判。

あなたにとって「週刊少年ジャンプ」とは？

遠きにありて思うもの。
遠くから眺めているだけの方が幸せかな（笑）。

2018/6/9放送

第50回　週刊ラジオジャンプCONTENTS

■WJはマンガ界の東大!?

小学館、講談社と幅広いフィールドで仕事をしてきたコージィ先生だが、週刊少年ジャンプは未踏の地。現在、グランドジャンプに連載を持っており、今回の番組出演を「裏口入学を果たした」と表現した。そんなコージィ先生は「週刊少年ジャンプは、マンガ界の東京大学」と語り、ジャンプで活躍する作家はみな別格、マンガ界でもエリート揃いだと発言。

★野球をお金で考えたら？

P191に掲載！

★一番稼げる職業とは……!?

P191に掲載！

■ベスト3：『硬派銀次郎』

コージィ先生の「週刊&月刊少年ジャンプで好きな作品ベスト3」を発表！　ちばあきお先生の『キャプテン』と並び、「月刊少年ジャンプ」の柱であった本宮ひろ志先生の同作品を「少年漫画と少女漫画の要素を持つ、シンプルかつスカッとする構造の作品」と評する。特に女性キャラの描写・表現については本宮先生の奥様であり、少女漫画家のもりたじゅん先生が女性キャラを描くことにより、かつてないリアルさが生まれたのではないかと分析する。

■ベスト2：『アストロ球団』

原作：遠崎史朗先生、作画：中島徳博先生による、超人野球漫画。裸になって丸太で殴られる特訓や、TVが爆発する等破天荒なギャグの数々に魅力を感じると発言。現在に至るツッコミマンガの先駆けとして位置づけ「いい意味での子どもダマシと言うか。子どもにとってみたら、これでいい」と持論を語る。

■ベスト1：『荒野の少年イサム』

山川惣治先生と川崎のぼる先生による正統派の西部劇漫画。強盗団のウィンゲート一家に悪のテクニックを叩き込まれた天才ガンマン、イサムが活躍する。普段は情けないお兄ちゃんが、一度銃を手に取れば……という展開は、最高にカタルシスを感じたとのこと。

★好きな作品特別1位は!?

P192に掲載！

★どうしたら似せられる？

伊達（以下）：ゆでたまごの嶋田《しまだ》先生からメッセージを預かっております。「『プレイボール2』は、亡くなったちばあきお先生の絵とそっくりですが、どうしたらあんなに似せて描くことができるんですか？」ということですが。僕もすごいなと思ってて。もう、ちばあきお先生の絵と、まるまる一緒じゃないですか。

コージィ（以下）：そう言っていただけるのはありがたいですよね。**この作品は「『プレイボール』の続きを描く」ことがコンセプト**なので、絵や時代設定を変えない、ちばあきお先生ご本人の絵の通りに描こうっていう気概を持って始めたんですけど。「似てない」と言われることも多々あるんですが、それについては僕も最初から似てるとは思ってもなくて。

：似てないなんて言われるんですか？

：けっこう言われますよ。そこは日々研究、研鑽と言うか…。回を重ねるごとにクオリティは上がってるんじゃないかと思うので。最初の方の絵は、自分でも見たくないですね。

：ピッチャーの投球フォームの特徴ある描き方とか、ちばあきお先生ならではの表現も、忠実に描かれている、再現されてるじゃないですか。

：**それはやっぱり…僕が、ちばあきお先生の表現方法に共感してるからだと思うんです。**この描き方が一番読者に伝わるんじゃないかな、とか。

：相当、意識してるんですね。

：自分の作家性を完全に捨てる……ことは無理なんですけど、読者のためにというか。違う絵で、違う世界観で見せられたら読む意味ないじゃん、と思うんです。

★自分から続きを描かせてほしいと提案

：ここまで思って描いてるのに「似てない」って言われたらツラいわー。

：**僕自身が『プレイボール』の続きを読みたかったんです。**「誰か描いてくれないかな」と思いつつ、誰も描かないから、結局は自分で描くことになるんですが（笑）自分自身が読者として納得できるモノを描きたいというのが最初の決意なんで。

：じゃ、先生が「続きを描かせて欲しい」と手を挙げられたんですか？

：**僕の方から。**

：**荷が重すぎませんか、それは……!!**

：もちろん重いんですが（笑）、挑戦する山が高ければ高いほど燃えてくるというかね。後は、野球漫画を描いていく段階で、ちばあきお先生をいっぱい研究してたんですよ。こう描けばわかりやすいのか……とか。そこに自分なりの工夫を加えてここまでやって来たから「俺ならできるんじゃないか？」という思いもあって。

：ちょっと自信はあったんですねー。

：ちばあきお先生ならこう描くだろうという理想が反映されてるワケですね。そこには、自分の理想も入ってるんですか？

：**入り込まざるを得ないですね。**極力読者にはパッと見わからない、見えないようにしてますが……自分のオリジナリティは、バリバリに入っちゃいますね。

サンドウィッチマンの週刊ラジオジャンプ

リクエスト1曲目

アニメ『グラゼニ』エンディング！

SHADOW MONSTER／土岐麻子

2018年6月2日土 ON AIR!!

★ここだけの話：WJ創刊を漫画化!?

：さて、先生にはまだ表に出ていない、ここだけの話を……

：**（ピピピピ……）**

：あ、ちょっと待ってください……

：**先生、ケータイが鳴ってますよ！**

：何なら出てください。もしかして奥様じゃないですか？

：モーニング編集部でした。すみません。

：コージィ城倉《じょうくら》先生のここだけの話！ ジャンプ創刊時の半ドキュメンタリー漫画を、頼まれもしないのに描いた！

：ええ!? これは何ですか？

：僕は『チェイサー』という手塚治虫《てづかおさむ》先生の評伝みたいな漫画を描いてるんですが、そこに**「週刊少年ジャンプ」創刊当時の裏話などを織り込んだんです。**

：面白いな……！

：手塚治虫先生を追いかけ、創刊当時のWJで本宮《もとみや》ひろ志《し》先生・永井豪《ながいごう》先生に続く3本目の柱となっていく架空の漫画家を描いた物語なんですが。その時に、ジャンプ創刊当時のことが書かれた資料をいっぱい読み込んでエピソードを織り交ぜていったんです。

：これは……頼まれてないのに？

：全く。でも**ジャンプの創刊というのは漫画界にとって最大のエポック**なので。ジャンプが今の漫画界を牽引してますから、その創刊を描くことは作品として、とても大きな意味がある。

：**でも、頼まれてないんですよね……？（笑）**

：ジャンプから抗議が来ないのかと思ったんですが、昔は集英社は小学館の子会社でしたから。そういう事情もあるんでしょう（笑）

：あっ！ そうだったんですねー。

★野球をお金で考えたら？

：先生が森高夕次《もりたかゆうじ》名義で原作を担当している『グラゼニ』はプロ野球とお金がテーマですが、どうしてこの切り口でいこうと思ったんですか？

：確かにこれは気になるわ。

：僕は、ニッポン放送の『ショウアップナイター』をずっと聴いていて。江本孟紀《えもとたけのり》さんが番組のエース解説者なんですが、野球選手を給料で測る見方をよくされるんですよ。**打者が6億で、投手が600万だから打たれて当たり前じゃろう、**とかね。お金に換算して見ると面白い！と思っていて、それを漫画にしたのが『グラゼニ』です。

：きっかけは江本さんなんですね。

：この話は江本さんにお会いした時にも直接お伝えしました。

★一番稼げる職業とは……!?

：でも色々考えていくと、**野球選手の年俸ってホントに安い**と思うんですよ。稼げる年数が限られてるじゃないですか。で、どの商売が稼げるのかなと考えたら、**一番は……お笑い芸人。**（：笑）

：まぁ引退はありませんけど、浮き沈みが激しいですよ、この世界は……!!

：まぁ広く言って芸能界ですね。色々な情報を集めた結果がコレなんです（笑）

：**誰から集めたんですか、ソレ（笑）**

リクエスト2曲目

こちらもアニメ『グラゼニ』主題歌！

メリゴ feat. SKY-HI／サイプレス上野とロベルト吉野

2018年6月9日土 ON AIR!!

☆TVアニメ『グラゼニ』が今後さまざまな所で放送予定!?

：漫画界もそこまでいかないですよ。ジャンプの先生方は知らないですが（笑）

：でも、漫画界も売れたらドラマ化、映画化でガッポリじゃないですか。

：それはジャンプの先生だけ……と言いたいとこですが、ジャンプの先生だってずっとWJで描けるわけではないですし。どんな世界でも浮き沈みがあることを考えたら、芸能界の中である程度のポジションを築いた方がイクよなー……みたいな（笑）

：先生が思う一番稼いでる漫画家さんて、誰ですか？

：**それは『ONE PIECE《ワンピース》』の先生だと思います（笑）**

：ハー……やっぱりそうなんですか。

：それ以上は思い浮かばないです。

：ゆでたまご嶋田《しまだ》先生なんかも、裕福さが顔に出てましたけどねぇ。

：**きょうはカネの話ばっかだな（笑）**

★好きな作品特別1位は!?

：「週刊&月刊少年ジャンプ」で好きな作品ベスト3、普段であればここで終わりなんですがアンケートに特別1位のワクも勝手に作られていたので、発表します。

：**何で勝手に作るんですか（笑）**

：勝手に作るくらい、僕はジャンプ愛があるので（笑）。

：発表しましょう。特別1位は……!!

：本宮《もとみや》ひろ志《し》先生の『やぶれかぶれ』。**本宮先生が参院選に出馬する、ドキュメンタリー漫画です。**（：笑）

：何ですか、これは！

：もう漫画は飽きちゃった、俺は参院選に出て国会に行って、漫画で国会中継をやるんだっていうことで、いろんな有名な政治家に会うという漫画なんですよ。

：ドキュメンタリーなんですね。

：面白い……！

：ドキュメンタリーだから面白いっていうのもあるんですけど。僕は本宮先生の自伝的漫画が大好きで。これはジャンプじゃなくプレイボーイコミックスなんですが『春爛漫《はるらんまん》』という漫画もあって。不良少年だった本宮先生が漫画を描くことによって身を立て、ジャンプの人気作家になるまでの話なんですが。

：自叙伝というか。

：その中で、本宮先生がパーティに行くと、錚々たる先輩作家から「君の作品は下品だ」とか散々バカにされるんです。

その後、挨拶を乞われて壇上に立った先生が「**おれのダチはみんな、ム所にブチ込まれちまったんだ！　なめんじゃねぇ～！**」と絶叫するんですよ！（：爆笑）

：**こんな面白い漫画があるのか…!!**

：スゲースゲー。

：一見笑っちゃうし、作中でも「アイツ、何言ってんだ？」って感じのオチですけども、**読者からしたらこれが最高にスカッとするんですよ。**

：確かに！

：意味ないんですよ、ホントに。

：言う必要ないですもんね。

：でもシビれるんですよねー。

：ナメんなよって気持ちでやってたんでしょうねー。

：そういうことだよね。

GUEST 24

Shun Saeki & Yuki Morisaki

佐伯 俊&森崎友紀

『食戟のソーマ』1巻

PROFILE 森崎友紀

『食戟のソーマ』に登場する料理を監修している、料理研究家。料理のアイデアを提供して、作品にリアリティを与える役割を担っている。「週刊プレイボーイ」のグラビア出演も。

PROFILE 佐伯 俊

『食戟のソーマ』の原作担当・附田祐斗先生の同じ大学の先輩にあたる。2011年、読み切り作品『キミと私の恋愛相談』が「ジャンプNEXT」に掲載。2012年、附田祐斗先生とタッグを組んだ『食戟のソーマ』が「ジャンプNEXT」に掲載され、その後「週刊少年ジャンプ」で連載がスタート。

2018/6/16放送　**第51回　週刊ラジオジャンプCONTENTS**

■森崎先生が作るカレーはどんなカレー？
コージィ城倉先生からの「今度ご飯を作ってくれませんか」というメッセージに「いつでも！」と返事をする森崎先生。森崎先生がよく作るカレーは「インド風か、野菜をすりおろしたもの」とのこと。

★意気投合して料理監修に！ P196に掲載！

■附田先生は天才！
附田先生の回の時に出た「あんまり噛んでない」疑惑（P118参照！）に対し、森崎先生は「佐伯先生が絵の天才なら、附田先生はストーリーの天才」と明言。毎回附田先生のネームを見て感動して泣き、佐伯先生の仕上げた漫画を誌面で見てまた泣くのだとか。

■森崎先生の提案する料理は、漫画にピッタリ！
作中に登場する料理を提案するのが、森崎先生の主な役割。佐伯先生曰く、森崎先生は明確な勝利ポイントを料理に盛り込むなど、漫画ならではのギミックをしっかり考えてくれるのがスゴイと絶賛！

■攻めていきたい！『食戟のソーマ』のセクシーなシーン
料理を食べた時のセクシーなリアクションは、基本は附田先生と担当が考えて、それを佐伯先生が見事に具現化している。きわどいシーンもあるが「そこは攻めていきたい」と意気込む佐伯先生！

■ベスト3：ミウラタダヒロ先生に弟子入り！
佐伯先生の「人生のターニングポイント」の第3位。連載前、現在ジャンプで『ゆらぎ荘の幽奈さん』を連載しているミウラ先生の読み切り作品を見た佐伯先生は、その技術に驚愕してアシスタントに志願！　そこで学んだ多くのことが、今に活かされているという！

■ベスト2：「かに」の力
附田先生回でも話題になった、佐伯先生がジャンプに来るきっかけを作った「かに」エピソード（詳しくはP117！）が2位。「かにの力は偉大」としみじみ言う先生の一番好きなかにはタラバガニ！

★ベスト1：『食戟のソーマ』始動！ P197に掲載！

あなたにとって「週刊少年ジャンプ」とは？
戦場。…ですかね。（佐伯俊先生）

2018/6/23放送　**第52回　週刊ラジオジャンプCONTENTS**

■『食戟のソーマ』制作の流れ
まず定期的に佐伯先生と附田先生、担当編集とで打ち合わせて大きな話の流れを決める。そこから附田先生が毎回の話を考えてネームを作る。この時に森崎先生に料理の相談をしてメニューが決まる。そして出来上がったネームを元に佐伯先生が漫画の下絵を描き、附田先生・担当のチェックを得て作画に入る――まさにチーム！

■『食戟のソーマ』のことは何をおいてもすぐ対応!!
週刊連載で忙しい佐伯・附田両先生の負担を減らすため「連絡があれば、他の何を放っても即お返事する」という森崎先生。育児でも忙しい森崎先生だが「自分の提供したものが漫画の中で物語を動かしているのが、すごく楽しい」とも。附田先生は追いつめられると、肌に出るという情報も登場。調子がいいときはツルツルだが、ニキビなどが出来ていると、相当追いつめられている証拠なのだとか……。

■勝敗が決まっていない料理を考えることも…
森崎先生の仕事に関して「どっちの料理が勝つのか未定の時がたまにあって、それで料理を考えなきゃいけないのは大変そうだ」と言う佐伯先生。実際森崎先生も、勝つと思っていたほうにイイ感じな料理出したら、勝敗が逆転することになったことがあり、その時は、慌てて要素を足したりして、苦労したこともあるとか。

★佐伯先生、お返しを忘れていた!? P198に掲載！

■ベスト3：幸平創真
森崎友紀先生が好きな『食戟のソーマ』キャラの第3位は、主人公・創真！　どこの家にでもあるような食材で料理を作る創真は、自分の持っている料理の感性とそっくりなので、彼の作る料理は素で考え出せると言う。印象に残っている料理は、極星の寮入寮試験で作った「鯖バーグ」。鯖缶と乾物で作ったこの料理が思いのほか好評で、みんなが作ってくれて感激したそう。

★ベスト2：新戸緋沙子 P199に掲載！

★ベスト1：葉山アキラ P201に掲載！

★意気投合して料理監修に！

伊達（以下）：まずは森崎《もりさき》友紀《ゆき》さんが料理監修に加わったきっかけをお聞きしたいですね。

森崎（以下）：この漫画って、女の子がおいしいものを食べるとエクスタシーを感じて、ふわっと脱いじゃう……ってところが特徴ですよね。そういったところと、私が料理研究家で、過去に「週刊プレイボーイ」で水着グラビアのお仕事とかをさせてもらっていたみたいなところが合うんじゃないかって、先生方や担当さんが思ってくれたみたいで。

：なるほど。

：それで私も、おいしいって感じることと、エクスタシーって似ているなって思ってたので、会いに来てくれた附田《つくだ》祐斗《ゆうと》先生と担当の方と「**それ！　めっちゃ、おもしろいじゃないですか！**」って意気投合してしまって（笑）

富澤（以下）：へー。エクスタシーって、いっしょなんですか？

：いっしょじゃないですか？

：**うーん……。**

：**あれ!?**

：佐伯俊《さえきしゅん》先生はどうですか？

佐伯（以下）：**うーん、そ、そうっすね……。**

：**え!?**

：**あ、いや、そうっす！**（：笑）

：**先生はせめて森崎さん側にいないと！**

：そうですね（笑）

：**森崎さん全然腑に落ちてないみたいだけど。**

：**全然落ちてない！**（笑）

：伊達さんは食べるの好きなのに、うまいもん食ったらふわーってならないの？

：**もちろん俺は感じてるよ。**

：**感じてたのかよ（笑）**

★ベスト1：『食戟のソーマ』始動！

：佐伯俊《さえきしゅん》先生の人生のターニングポイント、第1位は！

：「『**食戟《しょくげき》のソーマ**』**始動**」です。

：これは当然大きなターニングポイントでしょうね。2012年に連載がスタートして、なかなか長いことやってらっしゃいます。

：もう6年ですねえ。

：ああ、そんなたちましたっけ。

：最初から長期的な構想はあったんですか？

：いやあ。「20巻ぐらいいったらいいな」みたいな感じでしたね。続くかどうかもわかんない世界ですからね。

：私も最初に「**どれだけ続くかわかんないです。3週間で終わるかもしれません**」って言われてました。

：それがもうすぐ30巻に。すごいですよね。

：ありがとうございます。皆さんの力のおかげです、本当に。

：この先の展望みたいなのはありますか？

：やはり原作の附田くんが納得できる終わり方ができたらいいんじゃないかと思ってます。

：長年一緒にやってきて、2人で**やり合ったりすることはないんですか？**「ここはこうしない？」「いやそれは違う」みたいな。

：そういうのはありますよ。担当さんのOKが出たネームでも、僕のところに来た時に「ここはこう変えたほうがいいんじゃない？」って言って、変えたこともあります。

：そういう時って、附田先生はどう思っているんですかね。

：**たぶん、ちょっとはキレてるかと**（笑）

：まあ、また何かあったら、**かに送っとけば。**

：そうっすね（笑）

：おふたりって、言い合いっていうより「**静かな戦い**」みたいな感じで、やり合いますよね。前に新年会で、そんなのを見ました。

：**あら。**

：**見ましたか、森崎さん。**

：ネームかなんかについてだと思うんですけど。さっきまですごい和やかだったのに、**急に張り詰めた雰囲気になって。**

：おお。

：それで「ちょっとトイレ行ってきます」って出てって、戻ってきたらもう普通になってましたけど。そういうふうに、言い合うんではなくて、静かな感じで戦うのかなぁって。

：冷静にってことですか？

：そうなんです。

：へー、**でもやってるんじゃないですか。**

：そうっすね……**たまに**（：**笑**）でも言い合いとかみたいのはないですね。

：言いたいことはお互い言いつつ、尊重し合っているみたいな。

：そうですね。

：2人とも大人ですよねえ。

★佐伯先生、お返しを忘れていた!?

：今まで**附田先生や佐伯先生に、森崎さんが料理を作ってあげた**ことってありますか？

：いっしょに打ち合わせをした時に、お土産をいただいたことが。

：あ、焼き菓子ですね。

：すごいおいしかったです。

：ありがとうございます！

：へー。お家で作ったんですか？

：あれはバレンタインでしたっけ。なんかそういう時にちょっと作ったりはするんですけど。

：佐伯先生、**ホワイトデーにちゃんと返しました？**

：**ああーー!!**（：**笑**）申し訳ないっす！　今度絶対に！

：**今、服が脱げそうな感じでしたね～。**「あぁー!!」って（笑）

：女性はそういうの、ちゃんと覚えてますからね。だから森崎さんもあえて**「バレンタインだっけ」って、言いましたよね（笑）**

：いや、そうゆんじゃ（笑）

：今度何かお返しをしましょうね。

：**必ず**（：**笑**）

★ベスト2：新戸緋沙子

：森崎友紀さんが好きな『食戟のソーマ』のキャラ、第2位は！

：**新戸緋沙子**《あらとひさこ》です！

：なるほど。ちょっと説明しますと「遠月学園《とおつきがくえん》総帥の孫娘・薙切《なきり》えりなの秘書で、薬膳料理のエキスパート」というキャラですね。どこがお好きなんですか？

：私、薬膳が大好きで、「**中医薬膳指導員**」ていう資格を持ってるんですよ。

：へー。

：それで、附田先生に「**薬膳って面白いですよ**」って薦めたら、秘書子（新戸緋沙子のニックネーム）を薬膳のキャラにしてくれて。

サンドウィッチマンの週刊ラジオジャンプ

リクエスト2曲目

森崎さんが選んだ、アニメ版第1期ED曲

スパイス／東京カランコロン

2018年6月23日土 ON AIR!!

：新戸緋沙子が作った料理で、印象に残っているものはありますか?

：**「羊肉《ようにく》四物湯《しもつとう》カレー」**ですね。カレーでバトルする回があるんですけど、附田先生に「羊の肉って、薬膳のなかではすごく体を温めて、滋養強壮になるって言われてて、それに漢方とカレーってよく合うので、めちゃくちゃ面白いし、おいしいんです!」って言ったら、それを組み込んでくれて。

：羊の肉ってそんなにいいんですか?

：すごくいいんですよ。

：**伊達さんも昔、家で芸人仲間とカレー対決やったね。**

：そうなんですか!　どんなカレーですか?

：コーヒー入れたりとか。

：インスタントコーヒー?

：そうです。で、作っている鍋の上に換気扇があって、ずっと回しながら作ってたんですけど、**その換気扇が落っこってきて、鍋の中に入っちゃったんですよ。**

：**ええー!**

：鍋の中で換気扇がバタバタバタバタ!って回って、**カレーが全部飛び散って……。**

：えー……地獄ですね。

：**地獄って（笑）**

：**「換気扇カレー」**って（笑）

：**どうですかこのアイデア?（：笑）**

：隠し味に換気扇（笑）まったく隠れてないけど（笑）

：それでも食べましたけどね。きったない油まみれの換気扇入りのを。

：当時お金もなかったからね。

★ベスト1：葉山アキラ

：続きまして、森崎友紀さんが好きな『食戟のソーマ』のキャラ、第1位は！

：**葉山《はやま》アキラです！**

：ほおー。

：この人は、私の行動をも変えてしまったキャラなんです。葉山はスパイスのスペシャリストなですけど、**このキャラのためにインドまで行っちゃいました！**

：**え!?**

：本場のインドの人が、日常でどんなものを食べて、どんなレストランがあって、そこでどんなことをしてるか、っていうのがものすごく知りたくなっちゃって。現地のレストランの厨房とか、地元のお母さんがやっているようなお料理教室とか見に行って、現地でスパイス買ったりしました。

：へー。

：葉山アキラというキャラがいなかったら、行ってなかった？

：そうですね。

：**動かしましたねー！**　本当に『ソーマ』に真剣に取り組んでもらっているわけですね。

：いや本当に。

：**それでバレンタインにもらっても返してないって……。**

：いや本当にね……。

：いやいや（笑）

：**インドに行って、スパイス買ってきてくださいよ。**

：ですね（笑）

GUEST

25 高橋よしひろ

Yoshihiro Takahashi

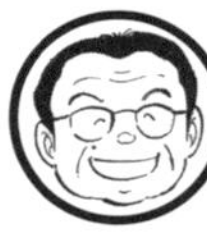

PROFILE 1953年秋田県生まれ。「週刊少年ジャンプ」での連載デビューは、1976年にスタートした野球漫画『悪たれ巨人』。その後、「月刊少年ジャンプ」で1976年より『白い戦士ヤマト』、「週刊少年ジャンプ」で1983年より『銀牙-流れ星 銀-』を発表し、共に大ヒット。銀牙シリーズはその後も『銀牙伝説WEED』等、数多くの続編が制作されている。

『銀牙ー流れ星 銀ー』1巻

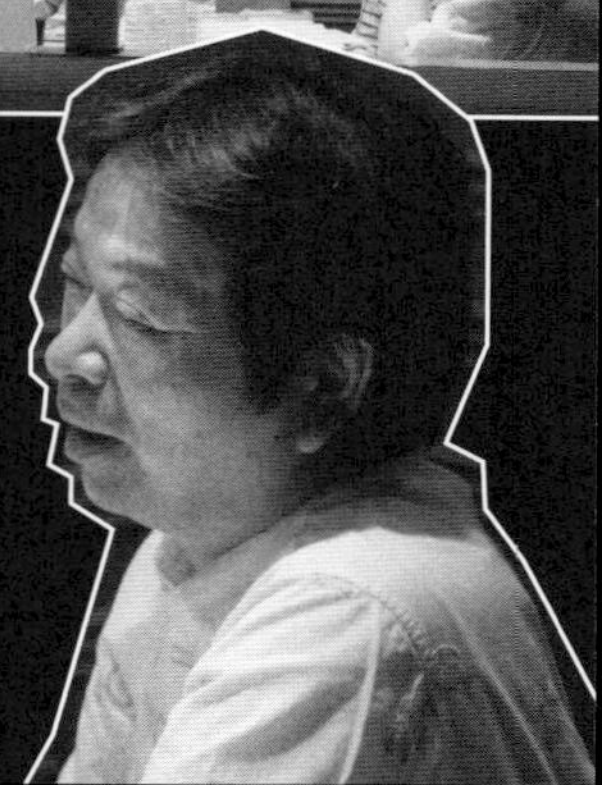

2018/6/30 放送

第53回　週刊ラジオジャンプCONTENTS

■漫画家になるために家を出る

小4から父親に牛を飼わされた高橋よしひろ先生。最初16頭だった牛は中学に入る頃には20頭になる。ところが父親が作った畜舎の借金が返せず、やがて兄も牛飼いに。漫画家になりたかった高橋先生はこのままではイヤだと中学卒業後、上京することを心に決めた。

■動物を上手く描く方法は？

佐伯俊先生から「動物を上手く描く方法を教えてください」との質問。高橋先生によれば、最初は自分も上手く描けなかったが、描いているうちに上手くなるので、ひたすら描き続けるのが大事だとか。

★犬のケンカを見て育った少年時代

P204に掲載！

■ザギトワ選手に関して高橋先生にインタビュー？

女子フィギュア金メダリストのザギトワ選手が秋田犬を貰った件に関して「犬を飼ったら選手としてのモチベーションがどう変わるのか」とNHKに質問されたが「わからない」と答えるしかなかった。

★急に犬がしゃべりだしたワケ

P205に掲載！

■ベスト3：思い出の飼い犬　クロ

秋田犬と何かの雑種だったクロは、少年時代、父親に叩かれた高橋先生が泣いて牛小屋に行くと、涙をすくいとってくれたそうだ。

■「あきたいぬ」か「あきたけん」か

秋田犬は両方の呼び方があるが、高橋先生によると正式名称は「あきたいぬ」。秋田の大館が発祥で、かつては大館犬と呼ばれていた。

■ベスト2：思い出の飼い犬　メル

メルはラブラドールレトリバーのメス。けっこうやんちゃだった。

■ベスト1：思い出の飼い犬　ハナコ

ハナコはアラスカンマラミュートとシェパードにシベリア狼が入ったウルフドッグだった。体重50キロ以上で狼に似た顔の強く優しく賢い犬だったが脱走癖があるので何度も高橋先生が捕まえに行った。

あなたにとって「週刊少年ジャンプ」とは？

僕を育ててくれたところ。ストーリーも絵も未熟だった僕を担当編集者が育ててくれました。育ての親みたいなものです。

2018/7/7 放送

第54回　週刊ラジオジャンプCONTENTS

★本宮ひろ志先生に弟子入り

P206に掲載！

★誰からも信頼される高橋先生

P208に掲載！

■宮下あきら先生はアシスタント？

高橋先生によれば宮下あきら先生は3年ぐらい先生のアシスタントをやっていた。入って来た時には先生より2歳年下だと称していたが、運転免許を見たら実は同い年だと判明。ゲストで来た際にも、高橋先生の話をしなかった宮下先生。これは忘れていた!?

■デビュー作『悪たれ巨人《ジャイアンツ》』について

高橋先生が野球漫画でデビューしたのは集英社から野球漫画を描いて欲しいと依頼があったから。読売ジャイアンツとの契約でタイトルは編集部が決定。ストーリーは全部、高橋先生が考えていたそう。

■『銀牙―流れ星 銀―』はフィンランドで大人気

フィンランドではかつて『ムーミン』と『銀牙―流れ星 銀―』しかTVアニメが放映されていなかったため、『銀牙―流れ星 銀―』は大人気。フィンランドにも熊を狩るための猟犬がいて日本と同じような狩りの仕方をするし、吹雪の場面もあるので親しみがあるのではと先生。毎年、何度もミュージカルが上演されているそうだ。

■ポルシェで貧乏!?

連載でお金が入った高橋先生は思い切ってポルシェを買った。ところが税金のことを考えていなかったので翌年、税金が払えなくなり、借金をして分割で税金を払う羽目に。ポルシェは手放さなかった。

■秋田への望郷の思い

今になると故郷の秋田県が懐かしくなってきた高橋先生。50歳の時に戻ろうとしたが、『銀牙伝説WEED』が当たったために、戻りたいと思いつつも、まだ戻れないでいるのだそうだ。

■『銀牙～THE LAST WARS～』はいつまで？

現在連載中の『銀牙～THE LAST WARS～』の終わりは決めていない。面白くなったら伸ばすようにしている。

★犬のケンカを見て育った少年時代

伊達（以下）：今週のゲストは『銀牙《ぎんが》―流《なが》れ星《ぼし》 銀《ぎん》―』の作者、高橋《たかはし》よしひろ先生です。秋田県ご出身という事で、我々宮城県ですから。

富澤（以下）：同じ東北ですね。

高橋（以下）：**同じ人種ですね。犬種じゃなくて**（笑）

：犬の漫画って言ったら『銀牙』だもんね。

：そのイメージだね。

：ありがとうございます。

：ストーリーも面白いですし。僕、犬も猫も飼ったことないんですけど、犬の怖さっていうか、犬は強いんだって知ったのが『銀牙―流れ星 銀―』なんですね。漫画で知りました。

：僕は子どもの頃から犬のケンカ見てたから。

：秋田で。

：うちのクロとすごく仲良くしてくれたポチっていうオスの秋田犬《あきたいぬ》がいたんですよ。本当の猟犬でね。うちのも雄で、生まれて半年ぐらいの時に迎えに来るんですよ。当時は放し飼いだからポチが迎えに来て「ほら、遊びに行ってこい」と放してやると喜んで行くんですよね。だけど、1年ぐらいした冬にクロが泣いて帰って来たんですよね。顔中傷だらけで。ひょいって覗いたらポチがいるんですよ。ポチが来てるから「行け」って言ったら「う〜」ってうなるようになっちゃって。後で聞いたらね。**ポチの彼女に恋をして、何かやんちゃしたみたいで。**

：あららららら（笑）

：それでやられたんだね。それから4年か5年ぐらいずうっとケンカ。犬のケンカはね、**両方口をくわえて揺さぶるんですよ。**

：そういうとこもじゃあその絵のテイストにも入ってるんですか？

：あるんでしょうね。やっぱり。犬のケンカっていうのはそうするもんだみたいな。耳は裂けるし、舌も切れるし。でも意外と早く治るんですよ。

：その経験が生きてるんでしょうね。

★急に犬がしゃべりだしたワケ

：ところで『銀牙 ―流れ星 銀―』なんですけど、最初、犬しゃべってないんですよ。**途中から急に会話をしだす**んですけど、これは先生、何でなんですか？

：月刊でやった『白い戦士ヤマト』は14年続いたんですが一切犬の台詞はなかったんです。で、その後週刊で『銀牙 ―流れ星 銀―』を始めたんですが、20回ぐらいで人気がなくなってきてしまって。で、『銀牙 ―流れ星 銀―』でも犬の台詞はなかったんですが、自分の中では「**犬が話したらどうだろう**」という考えもあったんです。でも、しゃべらせたらしらけるんじゃないかなと思って。だけど「このままだと終わるよ」って言われたもんで「**じゃあ、しゃべらせようか**」って（：笑）

：そんな理由だったんだ（笑）

：そしたら編集が「いいんじゃないですか」って言うのよ。その時は、最後のカラーだったかな。台詞出したら**パーッと人気が上がって。**

：えー。

：それから、あと1年、あと1年で、3～4年やりましたね。

：たしかに**急にしゃべりだしたな**っていうね。

リクエスト1曲目

映画、観てました。座頭市の強さとあったかさと優しさが大好き

座頭市子守歌／勝新太郎

2018年6月30日土 ON AIR!!

：でもそれで読者が感情移入できるっていう。

：そうだったみたいですね。

：じゃあ本当に良かったんですね。それが、いいきっかけだったんですね。

：**子どもは人間が空飛んでたってなんだって、受け入れるんですよ。**僕はその時それが怖くてできなかっただけで。

：で、しゃべらせたら人気だった。

：全部ナレーションばっかりで心境をやってたけど、あれもしんどいですよね（：笑）台詞書いた方が楽ですよ。

：たしかに。幅も広がりますもんね。

★本宮ひろ志先生に弟子入り

：高橋先生の漫画家としてのルーツについてお話伺っていきたいなと思います。上京したのが15歳。で、本宮《もとみや》ひろ志《し》先生のアシスタントになるんですけれど、これはどんなきっかけで本宮先生のところに？

：当時『男一匹ガキ大将』を本宮先生が連載していたんです。そのWJに、「本宮先生にファンレターを出そう」って住所が載ってたんですよ。**そこを訪ねて行ったんです。**

：すげえ。

：いきなり行ったんですか？　手紙出さずに。

：ははは（笑）兄貴がちょうど江戸川区で、葛飾区に近かったのね。兄貴が車の修理工場に勤めてて、で、そこ頼っていって一緒に行ってもらったんだけど、なんかボロい、先生あの頃とっくに売れてたんだけど普通の木造の2階建てのアパートの1室に住んでて。

：ファンレターを出すといきなり家に届くんですか？

：そう。昔はそうだったの。

：今でこそ個人情報保護法とかあるから、住所とか絶対載せないけど、昔はね。だって、

サンドウィッチマンの週刊ラジオジャンプ
リクエスト2曲目

子ども時代に感動した西部劇ドラマのテーマ曲
ローハイド／フランキー・レイン

2018年7月7日土 ON AIR!!

何にしても自分の電話番号書いてたでしょ？今考えるとビックリしますよね。

：もう行ったらいるわけでしょ？

：いるんですよ。コンコンってノックしたら、「何？」って（：笑）怪しい人が出てきて、それが本宮先生のお兄さんだったんです。「今、ひろ志寝てるからよぅ」って「じゃあ、ちょっとあがってもらって」って。で、あがったらコタツみたいなところで、4人ぐらいでやってたんですよ。みんな目も合わせないで一生懸命仕事してて、お兄さんだけがやたら相手してくれて。後で気付いたんだけど、先生寝起きがすごい機嫌悪いんですよ。お兄さんが「おい、ひろ志、漫画家なりたいって子が来てるぞ」って言うんだけど、こう顔あげてはね、見たんだか見ないんだか、またコテッて寝ちゃうのよ。

：ああ、疲れてるから。

：そしたら、先生の同級生が女の子を連れて来たのね。そしたら、**僕のことはほったらかしで、そっちに行っちゃったの**。「あれっ？」って思ってさ（：笑）「すぐ帰って来るから待ってな」ってお兄さんが言って。それから1時間か2時間くらいで帰ってきたんですけど、そん時にね、最初に座ってしゃべってたら「**半年後に1人辞めるから、そん時また来いよ**」みたいな。

：じゃあその半年はお兄さんの所に居候？

：1か月くらいは居候したんだけど「お前は働け」って鉄工所でアルバイトさせられて。

☆『銀牙〜THE LAST WARS〜』最新18巻発売中です！

★誰からも信頼される高橋先生

…そこの社長がまた僕の事気に入っちゃって。

…あらららら、辞めるなと（笑）

…そう（笑）東京の職人って、みんなさぼるんですよ。

…ああ、**東北の人間はさぼりませんからね。**

…最初別の職人にくっついてアルバイトしたんだけど、最初から半年で辞めるって言ってるのに「俺がよう、土地買ってやるから。嫁も見つけてやるから」（笑）そんで、「辞めるな」って（笑）

…すごいいい話ではあるからねえ。

…ずいぶんそこで可愛がられました。

…真面目に働いてたんですね、先生もね。

…多分、そうだと思うんだけどね。

…でも、漫画家になりたいし。

…そう。「そんな簡単に漫画家になれるもんじゃねぇよ」（笑）とか色々言われて。

…大人の言うことだし、「そうなのかな」って思いますもんね。

…ちょっとグラグラしながら。

…でも半年後から本宮先生のアシスタントになるんですけれども、先生、本宮先生からどんなことを学びましたか？ たくさんおありだと思いますが。

…**やっぱ男気ですかね。** 先生自体が既に言うことひとつひとつが厳しいっていうか、声かけられたらビッと緊張するような言葉のかけ方なんですね。

…第一印象から怖いんですよね。トントンっていった時からさ。

：それで「うわ、やめとこ」ってなんなかったんですか？

：それはならなかったですね。

：それがすごいよなあ。

：だけどある時ね。17歳ぐらいの時、先生が「お金下ろしてきて」って言うんですよ。**それが700万だったんです。**

：700万!?

：**うちを買うからって**（：笑）

：**いや自分で下ろしに行かないと、700万。**

：すげぇなあ（笑）

：それが他にアシスタントがゴロゴロいたんだけど、何故か僕に言って、一応行って下ろしてきたのね。**もう後ろからかっさらわれるんじゃないかとか考えながら帰ってきたんだけど。**それから6～7年経ってからかな。その時のことを奥さんに聞いたら「**だって高橋君しか信用できないじゃない**」（：笑）

：他のアシスタントが行ったら、**そのまま持ち逃げされるって思ったんだ**（笑）だから、鉄工所でもそうだけど。

：信用がね。

：やっぱりすごいんですよね、先生は。**誰にも信用される。**まあ珍しかったんでしょうかね、当時、東北の勤勉な青年が。

：だって本宮先生がね。ずいぶん経ってからですけど「これからアシスタント雇うのは、やっぱ東北だな」って（：笑）「なんで？」って言ったら、**東北人はラーメン与えときゃ仕事するからって**（：笑）

：バカにしやがって！　ラーメン与えときゃ何でもやるからって！（笑）

：その後、東北が2人入って来たの。みな、素直で。

：**持ち逃げしなかったのね（笑）**

：**良かったわぁ（笑）**

TBSラジオ サンドウィッチマンの週刊ラジオジャンプ STAFF

プロデューサー	志田 卓（TBSラジオ）
ディレクター	戸波英剛（TBSトライメディア）
	持田 徹（TBSトライメディア）
A D	金箱健人（TBSトライメディア）
	山添智史（TBSトライメディア）
協 力	週刊少年ジャンプ編集部
	GRAPE COMPANY
	藤原ちぼり（作家）
	山口和喜（BACK NINE）
	Kayo（QMZ STYLE）（番組ロゴデザイン）

2018年8月29日　第1刷

編　者	TBSラジオ「サンドウィッチマンの週刊ラジオジャンプ」
発行人	田中 純
発行所	株式会社　集英社
	〒101-8050　東京都千代田区一ツ橋2-5-10
電　話	【編集部】03（3230）5084
	【読者係】03（3230）6080
	【販売部】03（3230）6393（書店専用）
印　刷	凸版印刷株式会社
書籍版編集	牛木建一郎　キャラメル・ママ
ブックデザイン	柴田尚吾（PLUSTUS＋＋）
カバーイラスト	森田まさのり

本書の一部あるいは全部を無断で複写複製することは、法律で認められた場合を除き、著作権の侵害となります。また、業者など、読者本人以外による本書のデジタル化は、いかなる場合でも一切認められませんのでご注意下さい。造本には十分注意しておりますが、乱丁・落丁（本のページ順序の間違いや抜け落ち）の場合はお取り替え致します。購入された書店名を明記して小社読者係宛にお送り下さい。送料は小社負担でお取り替え致します。但し、古書店で購入したものについてはお取り替え出来ません。

Printed In Japan　　　　　　　　　　　　　　　　ISBN978-4-08-780851-3 C0095